Bibliothèque Gilon

SOUVENIRS DE VOYAGE

EN
FRIQUE CENTRALE

— MADAGASCAR — LA COTE EST DE L'AFRIQUE —

PAR

E. BOULLAND

BUREAU

11, PONT St-LAURENT, 11

VERVIERS

La BIBLIOTHÈQUE GILON est patronnée par le Conseil Général de la LIGUE BELGE DE L'ENSEIGNEMENT, composé de :

MESSIEURS

G. Jottrand, représentant, président ;
Ch. Graux, sénateur, ministre des finances, vice-président ;
P. Tempels, audit^{r} milit^{re} génér^{l} au Cons^{l} de Guerre, v.-p. ;
Ch. Buls, bourgmestre de la ville de Bruxelles, secrét. général ;
Alfred Convert, avocat, trésorier général ;
Le comte Goblet d'Alviella, représentant, secrétaire ;
Adolphe Prins, avocat, secrétaire ;
Maurice Van Lée, homme de lettres, bibliothécaire ;
† Ernest Allard, représentant et conseiller communal ;
Henri Bergé, représentant ;
A. Couvreur, vice-président de la Chambre des Représent^{ts} ;
Jean Crocq, sénateur, professeur à l'Université de Bruxelles ;
Émile De Laveleye, professeur à l'Université de Liège ;
† Dr Hippolyte Delecosse, échevin de la ville de Bruxelles ;
Adolphe Demeur, représentant ;
G. Duchaine, avocat à la Cour d'appel de Bruxelles ;
Émile Féron, avocat et représentant ;
Guillery, ancien président de la Chambre des Représentants ;
Jules Guilliaume, homme de lettres ;
Le Hardy de Beaulieu, vice-président de la Chambre ;
Henri Marichal, conseiller communal à Ixelles ;
Hermann Pergameni, avocat ;
† Albert Picard, présid^{t} du Conseil provincial du Brabant ;
Ernest Reisse, conseiller provincial ;
Nicolas Reyntiens, sénateur ;
Optat Scailquin, avocat, conseiller comm^{l} et représentant ;
A. Sluys, directeur de l'École normale de Bruxelles ;
Tiberghien, membre de la Députat^{n} permanente du Brabant ;
† E. Van Bemmel, profess^{r} à l'Université de Bruxelles ;
A. Van Camp, chef du cabinet du ministère de l'Instruction ;
L. Vanderkindere, recteur de l'Université et représentant ;
P. Van Humbeeck, ministre de l'Instruction publique ;
François Van Meenen, avocat ;
Jos. Van Schoor, sénateur.

EN AFRIQUE CENTRALE

Un livre volumineux et d'un prix élevé peut être comparé à un vaisseau qui ne peut débarquer ses marchandises que dans un grand port. — De petits traités ressemblent à de légers bateaux qui peuvent pénétrer dans les baies les plus étroites, pour approvisionner toutes les parties d'un pays.

Bibliothèque Gilon

SOUVENIRS DE VOYAGE

EN
FRIQUE CENTRALE

— *MADAGASCAR — LA COTE EST DE L'AFRIQUE* —

PAR

E. BOULLAND

BUREAU
11, PONT St-LAURENT, 11
VERVIERS

Les manuscrits et les demandes d'abonnement doivent être adressés directement au Bureau de la Bibliothèque Gilon, pont St-Laurent, à Verviers (Belgique).

BIBLIOGRAPHIE

E. BOULLAND, homme de lettres, est né à Paris. Depuis sept années, il fait partie de la presse bruxelloise. Il donne chaque hiver, au théâtre, une revue des principaux faits de l'année. *Tout ça, c'est des carabistouilles*, notamment, est devenue légendaire à Bruxelles.

Pendant cinq ans, il a appartenu à la rédaction des *Nouvelles du Jour* dans lesquelles, sous les pseudonymes de JUNIUS, RETRIVER, NESTOR et PÉPERMANS, il a publié une grande quantité d'articles.

AVIS AUX LECTEURS

—

On s'occupe beaucoup dans notre pays de l'Afrique centrale; les explorations entreprises sous les auspices de S. M. Léopold II, les derniers travaux de Stanley et la rivalité de ce célèbre voyageur avec l'officier de la marine française Savorgnan de Brazza, pour la possession du Congo et de ses embouchures, ont attiré tous les regards sur cette partie du globe terrestre qui reste à coloniser, à ouvrir aux bienfaits de la civilisation.

Ce n'est pas seulement en Belgique que les esprits sont tournés vers les entreprises de colonisation; presque toute l'Europe, dans la situation politique actuelle, a rangé cette préoccupation au nombre de ses plus importantes : la question coloniale est à l'ordre du jour. L'Angleterre, tout en annexant sans cesse de nouvelles possessions à son immense empire, suit d'un œil jaloux les progrès des autres puissances. L'Allemagne ne perd pas de vue un instant les tentatives faites par les autres puissances pour agrandir leurs possessions d'outre-mer. La France cherche un dérivatif à son activité, dont l'essor est enrayé sur le continent, dans le développement de sa puissance coloniale.

En Belgique enfin, nous sentons la nécessité d'ouvrir aux produits de notre industrie de nouveaux débouchés et, depuis plusieurs années, sous la haute direction de notre roi, la Compagnie internationale d'exploration et de civilisation, puis le Comité d'études du Haut-Congo, ont fait faire à cette importante question de nombreux progrès.

A peu de distance de l'Afrique se trouve une île immense, Madagascar, dont l'avenir est intimement lié à celui du continent voisin. L'attention vient d'être récemment attirée sur cette île, par les démêlés de son gouvernement avec le gouvernement français.

Malgré tous les récits publiés par les explorateurs, ces pays sont fort peu connus. Il m'a paru que publier des notes de voyageurs disant ce qu'ils ont vu — et rien de plus — pourrait être opportun. Parmi ces notes, recueillies au jour le jour, je me suis attaché à choisir principalement la partie relative aux préparatifs que nécessitent des expéditions dans ces contrées lointaines, aux mœurs des habitants, aux précautions qu'exige le climat, et enfin à la façon dont procèdent là-bas les pères jésuites, dont l'exemple est parfois bon à imiter... quand il s'agit de voyages.

Ne cherchez pas dans ces récits les souvenirs de l'ingénieur ou les aperçus du savant ; vous n'y trouverez que les impressions de deux jeunes affamés de nouveau, un narré sincère de ce qu'ils ont vu. Le principal — pour ne pas dire le seul mérite des chapitres que vous allez lire, — c'est qu'ils n'ont qu'une seule préoccupation, le vrai.

Les plus courtes préfaces étant les meilleures, je m'arrête ici et je commence.

I

MADAGASCAR

La première mention de Madagascar a été faite au XIIIe siècle par Marco Polo ; en 1506, les Portugais, établis de l'autre côté du canal de Mozambique, visitèrent la partie sud-ouest de l'île et, en 1542, les Français y fondèrent un premier établissement.

Madagascar est située au sud-est de l'Afrique, dont elle est séparée par le canal de Mozambique; elle s'étend du 12e au 25e degré 45 minutes de latitude sud et du 40e degré 40 minutes au 48e degré 5 minutes de longitude orientale. Elle a environ trois cent soixante lieues de long sur une largeur maxima de cent soixante-quinze; sa superficie est à peu près égale à celle de la France.

D'une forme très allongée, elle se compose d'une chaîne de montagnes s'étendant sans interruption du nord au sud, du cap d'Ambre au cap Sainte-Marie, et divisant le pays en deux régions bien distinctes : les côtes, insalubres à peu d'exceptions près ; les plateaux intérieurs, doués d'un des plus admirables climats du monde.

Il n'est nullement besoin d'avoir fait partie de l'académie des sciences (section de la géologie) pour concevoir la façon dont s'est formée l'île actuelle ; la division en deux climats — l'un salubre et l'autre insalubre — s'explique tout naturellement.

Un massif de montagnes, énorme par sa longueur et sa largeur, mais d'une hauteur au-dessous de la bonne moyenne, constitue le noyau de l'île et en occupe encore actuellement les huit dixièmes. De ces hauteurs, se dirigent vers la mer une foule de cours d'eau petits et grands alimentés par les pluies torrentielles qui, de novembre à mars, transforment ces régions en un paradis de l'arrosage céleste.

Petit à petit, ces rivières ont déposé au pied des montagnes les terres et les sables qu'elles entraînaient et ont formé autour de l'île une ceinture de terrains d'alluvion ; cette ceinture s'étend maintenant sur tout le littoral à une telle distance que, sur certains points de la côte est, on peut, à quinze jours de marche, ne trouver que trois ou quatre mètres de hauteur au-dessus du niveau de la mer.

De cette situation, il résulte une hydrographie spéciale : dans tous les cours d'eau, la partie située dans le noyau montagneux central est torrentueuse, innavigable, et, dès son arrivée dans les terrains d'alluvion, s'étend tout à son aise à droite et à gauche avec d'autant plus de facilité que, faute de pente, il n'y a pas de courant qui permette d'entretenir l'embouchure libre.

De mars à novembre, les eaux qui descendent des hauteurs ne trouvant pas d'issue vers la mer forment de tous côtés des lacs et des marais où les débris de la végétation — si puissante et si active sous ces climats — croupissent à qui mieux mieux.

Pendant la saison des pluies (de novembre à mars), les torrents grossissent et les eaux qui descendent de l'intérieur deviennent si abondantes qu'elles ont la force de briser la barrière de sable accumulée à l'embouchure des rivières.

Lacs, marais et marigots se vident et exposent à l'ardeur du soleil — alors dans toute sa force — les détritus végétaux qui, pendant six mois, se sont décomposés à leur aise. On *sent* d'ici l'effet produit : la putréfaction atteint son apogée si bien que, dans plusieurs points *privilégiés*, l'atmosphère devient absolument irrespirable.

Dans le fond de la baie de Tintingue notamment, le long de la pointe à Larrée, ces accumulations de pourriture forment une barrière que l'on ne peut franchir sans y laisser la santé. Par la saison chaude, la fièvre jaune établit là son domicile et le malheureux Européen qui se hasarde à traverser ces lieux maudits, y contracte le germe de maladies mortelles ; — c'est une véritable pépinière de fièvre ictérique, d'hépatites et autres compagnes plus désagréables les unes que les autres.

Un des points les plus complets à cet égard et caractérisant le mieux les causes de l'insalubrité de Madagascar, c'est le fond de la baie d'Antongile, dans lequel sept cours d'eau se sont donné rendez-vous. C'est dans la capitale (?!) de cette province que j'ai fait connaissance avec la fièvre paludéenne pour avoir eu l'imprudence d'excursionner à quelques centaines de mètres ; le fond de cette immense baie n'est que marécages, et, à dix kilomètres du bord de la mer, nous avons trouvé une différence de niveau de 2 mètres 43 centimètres !

Le remède à tous ces maux est facile à

trouver et commode à appliquer : le jour où une nation civilisée — quelle qu'elle soit, pourvu qu'elle ait de l'argent — se sera implantée à Madagascar, il lui suffira de canaliser les principaux cours d'eau pour transformer ce champ de la mort en un véritable paradis terrestre.

Histoire politique

Il y a environ soixante-quinze ans, de nombreuses tribus se partageaient Madagascar ; le littoral, à l'est et à l'ouest, était divisé entre de nombreuses peuplades, sans cesse en guerre les unes contre les autres : les Betsimitsares, les Bétanimènes, les Betsilos, les Antankares, les Sakalaves, etc., etc. Les plateaux de l'intérieur étaient inhabités, sauf celui d'Ankove sur lequel s'étaient réfugiés les Hovas. Comme les Hovas sont aujourd'hui les maîtres incontestés de la presque totalité de cette île, je crois devoir leur consacrer quelques lignes de ce rapide exposé.

Il y a plusieurs siècles, une tribu d'origine arabe traversa le canal de Mozambique et débarqua sur la côte ouest de Madagascar, dans la portion occupée encore à l'heure présente par les Sakalaves. Ces derniers ne permirent pas aux nouveaux venus de s'installer sur leur territoire; après plusieurs années de combats incessants, ils furent obligés de se réfugier dans l'intérieur; ils s'établirent définitivement dans la partie du plateau d'Ankove où se trouve actuellement leur capitale, Tananarive.

Sous le règne de Louis XVI, une escadre française commandée par M. Martin de Flacourt prit possession de Madagascar au nom de la France.

D'après le droit international, attribuant la propriété des terres inconnues à la nation qui, la première, y a planté son drapeau, cette prise de possession ne pouvait être l'objet d'aucune contestation de la part des autres États de l'Europe.

Mais l'Angleterre avait un intérêt puissant à ne pas laisser son ennemie — à cette époque — s'emparer d'une île qui, par sa situation et ses ressources, faisait de celui qui en était le maître le roi de l'océan Indien.

Ne pouvant contester en droit les prétentions de la France, elle usa d'un subterfuge.

Elle envoya à Madagascar des officiers et des missionnaires en les chargeant d'étudier le pays et de trouver un biais.

Ses chargés d'affaires remplirent avec beaucoup d'intelligence la mission qui leur avait été confiée.

Ils s'aperçurent bien vite que les peuplades de la côte ne pouvaient leur être d'aucune utilité. Peu nombreuses, sans cesse en guerre les unes contre les autres, ces tribus n'avaient rien de ce qu'il fallait pour remplir le but que l'Angleterre désirait atteindre.

Entendant parler des Hovas, ils pénétrèrent sur leur territoire et trouvèrent dans celui qui commandait ce peuple à cette époque, Radama Ier, un homme intelligent et ambitieux dont ils firent l'instrument de leurs desseins.

Ils disciplinèrent ses troupes, lui fournirent des armes et, quand ils lui eurent ainsi formé une armée, le menèrent à la conquête du littoral. Ce fut une véritable promenade triomphale. Betsimitsares, Bétanimènes et autres, vaincus aussitôt qu'attaqués, se soumirent avec empressement.

Pendant ce temps, les Français, avec cette intelligence colonisatrice qui les distingue, cherchaient à introduire autour du fort Dauphin et de Tintingue qu'ils occupaient, la culture des choux et des carottes. Si bien qu'un jour, ils se trouvèrent cernés dans leurs établissements par des troupes dressées à l'européenne et, décimés par les fièvres, se virent forcés de déguerpir.

Voilà, à grands traits et en quelques mots, l'histoire de la conquête de Madagascar par les Hovas.

Seuls, les Sakalaves, guerriers indomptables, et les Antankares ont pu, jusqu'à présent, garder leur indépendance. Pour en finir avec cette esquisse historique, ajoutons qu'à Radama Ier succéda sa veuve Ranavalo, ennemie des blancs en général ; après elle vint Radama II, dont le règne ne fut pas long ; enfin à l'heure qu'il est, Rainivourne, ancien premier ministre, gouverne sous le couvert de la veuve de Radama II.

Si Radama Ier s'est montré grand conquérant, sa veuve Ranavalo a fait preuve d'une prodigieuse habileté politique, si tant est que l'on puisse décorer de cc nom les procédés qu'elle a employés.

Sans avoir jamais lu l'histoire — pour mille raisons : la première, c'est qu'elle ne savait pas lire — elle a imité Catherine de Médicis et lui a emprunté l'un de ses moyens de gouvernement, le poison.

Là-bas pousse à foison un arbre de belle apparence, très joli à voir, mais aux fruits duquel je ne vous conseille jamais de goûter, si vous avez encore quelque attrait à habiter notre vallée de larmes. Cet arbre, c'est le *tanguin*, dont le fruit connu en Europe sous le nom de noix vomique, est un des poisons les plus violents qui existent. Ranavalo fit du *tanguin* son premier ministre.

Son mari avait conquis, il fallait assurer la conquête. On pouvait hésiter entre divers moyens pour obtenir ce résultat : l'augmentation de la force armée, la douceur à l'égard des peuples vaincus, etc., etc. Ranavalo, en femme pratique, s'arrêta à un moyen plus simple, plus radical et plus sûr : elle décima par le poison toutes les tribus soumises, se disant que la meilleure façon d'empêcher les révoltes était d'envoyer d'avance les rebelles futurs dans un monde meilleur.

Comme vous voyez, elle n'y allait pas de main morte.

Les procédés qu'elle a employés pour entourer ses meurtres d'un vernis de légalité constituent encore aujourd'hui le seul code d'instruction criminelle des Hovas ; aussi je vais les décrire ; mes lecteurs se convaincront ainsi qu'il est impossible de rien imaginer de plus simple.

Chaque fois qu'un individu en accuse un autre de s'être rendu coupable d'un méfait quelconque, dans l'ordre civil ou pénal, peu importe — on ne fait point là-bas de ces distinctions subtiles — l'accusé, s'il n'a pu prendre la fuite, est soumis à une espèce de jugement de Dieu.

En grande pompe, on lui fait manger trois morceaux de poule — cuite ou crue à son choix — et on le force à avaler ensuite du *tanguin*.

S'il rend les trois morceaux de volaille, son innocence est établie et l'accusateur est tué à coups de *sagaies* (sorte de lances).

Mais, comme il est facile de le comprendre, à moins d'un vomitif pris d'avance, la terminaison de cette procédure sommaire est toujours la mort de l'accusé.

Vous voyez d'ici dans toute sa beauté le système employé par cette douce reine. Un Hova accusait un Malgache d'un fait quelconque; l'accusé absorbait une bonne dose de noix vomique et, en deux temps, trois mouvements, la terre était débarrassée de ce scélérat qui aurait pu, à un moment donné, avoir des velléités de secouer le joug.

Cette charmante Ranavalo avait eu, six ans après la mort de son mari, un fils, lequel, quelque extraordinaire que cela paraisse, n'en était pas moins l'enfant de son père… de Radama Ier, veux-je dire.

Ce jeune prince monta sur le trône en 1863, à la mort de sa mère, et prit le nom de Radama II. Les choses changèrent de face : autant Ranavalo détestait les blancs, autant son fils les aimait. Un consul français, M. Laborde, et un négociant, M. Lambert, avaient inculqué au futur roi de Madagascar des idées tout autres que celles qui avaient guidé sa mère.

Radama avait conçu pour M. Lambert une affection telle qu'il en avait fait son frère de sang ; aussi son premier soin, en prenant possession du gouvernement, fut-il de l'appeler près de lui et d'en faire son premier ministre, mieux une sorte de vice-roi.

M. Lambert, devenu prince d'Émyrne, se rendit en Europe où il fit, pour la première fois, reconnaître le roi des Hovas comme roi de Madagascar. Sous les auspices de Napoléon III, il constitua une compagnie de colonisation dont le président était un sénateur français, le comte Desbassyns de Richemont.

Radama II accorda à cette compagnie les privilèges les plus étendus ; il en fit une sorte de compagnie des Indes qui administrerait le pays directement, à la seule condition de lui payer un tantième sur les revenus qu'elle en pourrait tirer.

Le pays fut ouvert à tous les Européens,

toutes les mesures prohibitives de la liberté de commerce et de culture furent levées. Les anciens chefs ou leurs descendants furent promus à la dignité de princes; le monopole du commerce attribué jusque-là aux Hovas fut aboli. Tout annonçait qu'une ère nouvelle allait s'ouvrir pour ce pays si riche et si fertile lorsque, après un an et demi de règne, le roi fut assassiné.

Dans un pays de bon plaisir comme Madagascar, il est bien difficile de connaître dans tous leurs détails des révolutions de cette nature. Me trouvant à cette époque à Tananarive (capitale du royaume), j'ai suivi de près ces événements et je suis à même de donner sur cet assassinat des détails absolument inédits. La plupart des personnages qui s'y sont trouvés mêlés existent encore ; on comprendra donc que je doive observer une certaine réserve.

Jusqu'à la mort de Ranavalo, et malgré le tempérament de despote de cette reine, le gouvernement hova constituait une sorte d'oligarchie ; on comprend que le nouveau système inauguré par Radama II souleva les colères de tous les princes et grands officiers, qui se voyaient menacés de perdre et leur influence et les immunités sans nombre dont ils avaient joui jusqu'alors. Ils voyaient leur pays envahi par les blancs, gouverné par un blanc, une compagnie étrangère exploitant toutes les richesses du sol, composant et commandant l'armée.

Les mécontentements soulevés furent habilement exploités par certains missionnaires étrangers et, lorsque M. Lambert fut retourné en Europe pour achever la constitution de la compagnie de colonisation dont il avait jeté les bases à son premier voyage, une conspiration se forma dans les rangs des princes du sang et des anciens dignitaires de la cour de Ranavalo. Une tentative malencontreuse faite pour amener Radama II à épouser une Européenne — mademoiselle J. D. qui, depuis, a fait beaucoup parler d'elle en France après la guerre de 1870-1871 — jeta la reine Rasoharine dans le clan des mécontents. Le roi était isolé par suite du départ de M. Lambert; le consul français, M. Laborde, ne put ou ne sut rien prévoir et, en juillet 1863, la nouvelle de la mort du roi éclata comme un coup de foudre. Toutes les mesures avaient été prises ; tous les gouverneurs soupçonnés d'être partisans des blancs furent remplacés le même jour et la veuve de Radama fut proclamée reine avec Rainivourne comme premier ministre.

Les blancs les plus en vue durent quitter la capitale et le pays fut une fois de plus fermé à toutes les tentatives de civilisation. M. Lambert dut, à son retour d'Europe, s'arrêter à l'île de la Réunion, et toutes les réclamations de la France n'aboutirent qu'au payement d'une indemnité de deux cent mille piastres (un million de francs) à la compagnie en voie de formation.

Un fonctionnaire hova, gouverneur de Manahar, qui se trouvait à Tananarive au moment de la catastrophe, m'a raconté comme suit la mort de Radama II :

« Le roi était grand chasseur et grand » amateur d'équitation. Napoléon III lui avait » envoyé quelques chevaux arabes de toute » beauté et presque tous les jours, sans escorte, » il parcourait à cheval les environs de la » capitale, défendant qu'on s'inquiétât de son » absence. Un vendredi matin, il partit ainsi, » accompagné d'un prince malgache, Ramaha- » toudy ; il ne devait plus rentrer vivant dans » son palais. Les conjurés l'attendaient dans » un petit village, Amboimakitra, qui se trouve » au bas de la montagne sur laquelle est bâtie » Tananarive. A peine Sa Majesté avait-elle » dépassé les dernières huttes de ce village, » que Ramahatoudy tombait frappé d'un coup » de sagaie. Le cheval du roi, atteint d'une » balle au cou, s'arrêtait et Radama, enveloppé

» par un lasso, était jeté sur le sol et étranglé.
» La nuit venue, son cadavre fut transporté
» au palais et sa mort fut tenue secrète pendant
» cinq jours pour permettre d'assurer le succès
» de cette révolution de palais. »

Rasoharine, sa veuve, est encore sur le trône actuellement.

II

ÉTUDES DE MŒURS

La race conquérante est tout ; les peuplades vaincues, rien; c'est là, en deux mots, la loi du pays.

La terre et tout ce qu'elle produit appartiennent en toute propriété au roi qui, seul, a le droit d'en disposer.

Les Hovas sont soldats et commerçants ; les Malgaches cultivent. Le sol étant la propriété de M. le monarque, ses représentants vont, au moment de la récolte, prélever sur les produits un impôt en nature dont la quotité ne dépend que de leur volonté.

Or, tous les Hovas, depuis le simple soldat jusqu'au commandant en chef, sont les représentants du roi ; il en résulte qu'ils vont, les uns après les autres, choisir ce qui leur convient chez le pauvre Malgache. C'est la féodalité dans sa plus large expression.

Néanmoins, il n'y a pas de misère.

La nature est si riche que tout le monde vit et vit largement.

Du reste, les habitants sont si peu nombreux que la plus grande partie de la terre reste inculte et que les Malgaches ont plus de place qu'ils n'en ont besoin.

Lorsque, par une culture des plus primitives, ils ont épuisé la terre dans un endroit, ils abandonnent la case de paille qui les abritait et vont planter leur tente ailleurs.

Rien de plus curieux que ces émigrations constantes.

Toute la famille prend ses paquets, les hommes majestueusement drapés dans leurs *simbous* (pièce de toile) sont comme le quatrième officier de la chanson de Malborough, ils ne portent rien; les femmes chargent sur leur tête ou sur leur dos les provisions, les ustensiles de ménage et les enfants et... en avant, jusqu'à ce que le *pater familias* ait trouvé un endroit qui lui convienne pour y établir son domicile.

Je me sers du mot « famille » parce qu'il n'y

a pas d'expression dans la langue française pour rendre ce qui compose à Madagascar l'entourage d'un homme.

Il a avec lui d'abord ses esclaves, *mâles et femelles,* puis ses femmes et enfin les enfants de celles-ci. La monogamie et la polygamie sont dans ces pays des mots vides de sens. Monsieur a autant de compagnes qu'il lui plaît; les liens de famille n'existent pas; la femme, en changeant de *compagnon*, emporte avec elle ce qu'elle peut avoir d'enfants, qui continueront à vivre avec les nouveaux jusqu'à ce qu'il leur plaise d'aller chercher fortune ailleurs.

Tout cela vit ou plutôt grouille ensemble sans même, comme dans les harems de l'Orient, rechercher ou jalouser la faveur du maître.

Je suis forcé, pour rendre cet état de choses, de me servir d'une expression un peu forte, j'en demande pardon à mes lecteurs, mais je ne pourrais en trouver d'autre : l'état social, c'est l'accouplement momentané; la seule règle connue, celle de la multiplication.

Cependant, il existe une certaine hiérarchie : on a sa *vadi bé*, sa *vadi ell*, sa *vadi massaï* (sa grande, sa moyenne et sa petite femme); la première est chargée de la surveillance générale, la seconde dirige habituellement les esclaves et la troisième est ordinairement la gâtée, celle pour laquelle le coq de cette basse-cour a des préférences.

Mais cette échelle sociale n'est que fictive. Du jour au lendemain, la fantaisie d'un de ces messieurs ou d'une de ces dames peut bouleverser tout.

Il résulte de tout ceci un hachis complet des idées reçues en Europe, une salade des convenances sociales telles qu'elles existent chez nous.

Pour m'expliquer sans entrer dans le vif de la question, et pour me faire comprendre sans offenser la pudeur de personne, je me résume en disant que, du père à la fille, du frère à la sœur, personne n'a la moindre idée des lois de Moïse relatives aux unions entre proches.

Il existe à Madagascar deux types bien distincts. La Malgache, et je confonds sous ce nom toutes les peuplades conquises, et la femme hova.

La Malgache est une Africaine adoucie. Généralement petite de taille — à l'exception des Sakalaves et des Antankares — elle possède les traits caractéristiques de la race nègre. Le nez est épaté, les lèvres sont épaisses et les cheveux crépus; cependant, le type est plus beau que celui des négresses de la côte d'Afrique. Le noir est moins foncé, l'appendice nasal ressemble moins à une pomme de terre aplatie, les cheveux n'offrent pas l'apparence d'une toison de mouton noir et les lèvres se bornent à être proéminentes sans affecter la forme d'un rebord de marmite ; somme toute, elles ne sont pas désagréables.

La femme hova, elle, est souvent jolie. Plutôt jaune foncé que noire, le nez aquilin, elle possède surtout une magnifique chevelure noire qui n'a besoin ni de crépons, ni de fausses queues pour rendre jalouses toutes les Européennes qui seraient admises à la contempler.

Le Malgache offre, en général, un aspect bien plus agréable que les nègres de la côte orientale de l'Afrique : le type est moins écrasé, l'angle facial est moins développé ; les cheveux présentent l'aspect laineux spécial à la race nègre, mais ils sont beaucoup plus longs que ceux des Cafres.

Les femmes malgaches soignent beaucoup leur coiffure, elles divisent leurs cheveux en une infinité de petites tresses souvent terminées par de grosses boules ; la confection de ces tresses au moyen d'un petit os en forme de triangle allongé, est une de leurs principales occupations et absorbe une grande partie de leur temps.

Les hommes se coiffent de la même façon,

sans cependant y consacrer, comme le sexe faible, la moitié de la journée.

Dire que ce mode de coiffure atteint l'idéal du beau serait évidemment exagérer, néanmoins la tête d'une jeune Betsimitsare ou d'une Antanos revêtue de cette multitude de petits cordons tressés est loin d'être déplaisante.

Les habitants de Madagascar ne connaissent que sommairement les lois de la mode : leurs vêtements ordinaires se composent, pour les hommes, d'un *langouti* et d'un *simbou*. Le *langouti* est un morceau d'étoffe qui, attaché à la ceinture, cache seulement la partie centrale antérieure du corps ; le *simbou* est une pièce de calicot, d'indienne ou de patnas qui, adroitement rejetée sur l'épaule, enveloppe la poitrine et les jambes jusqu'au-dessus du genou.

Joignez à ces deux vêtements un chapeau de paille et vous aurez le complet des habitants.

Les femmes suppriment le *langouti* et le remplacent par un petit corsage d'étoffe très ajusté, destiné à contenir leur poitrine et qu'elles appellent un *kanzoubé*. Comme les hommes, elles portent le *simbou* et le chapeau de paille.

Le Hova ne présente pas le même aspect que le Malgache ; on voit qu'il s'agit de deux races absolument différentes et dont l'origine est tout autre ; chez le Hova, le teint est plutôt cuivré que noir ; la figure présente les traits généraux de la famille hindoue : nez droit, lèvres minces, cheveux non crépus.

Dans la vie civile, le Hova s'habille exactement comme le Malgache ; cependant il ne porte jamais un *simbou* de rabane (étoffe tissée avec la feuille du raffia); il laisse cette étoffe primitive aux peuplades conquises et donne la préférence aux tissus de coton que les Anglais importent de l'Inde. Je dis dans la vie civile, parce que tout Hova a une existence double ; il est avant tout le soldat de la reine. Dans un autre chapitre, j'aurai à décrire le Hova-soldat ; en pékin, c'est un commerçant hors ligne, madré comme pas un, voleur comme on ne l'est pas, diplomate à rouler un Turc ; en soldat, il est sérieux, pénétré de sa dignité et d'un drôle à faire pouffer de rire un Anglais spleenétique. Par exemple, je ne donnerai jamais le conseil à personne de lui témoigner par un éclat de rire la joie causée par son aspect. Le Hova ne souffre pas qu'on se moque de lui lorsqu'il a revêtu (c'est une façon de parler) ce qu'il appelle son uniforme.

Le fond du caractère de cette peuplade conquérante est assez difficile à analyser : c'est un mélange d'orgueil à haute dose, de fourberie, de bassesse, d'amour du lucre, de paresse, assaisonné d'une lâcheté individuelle carabinée. Le Hova n'acquiert un tout petit peu de bravoure que lorsqu'il est en bande...et encore.

Une anecdote à ce sujet : Le gouvernement français avait envoyé une ambassade extraordinaire à Madagascar, sous le commandement de M. Dupré, capitaine de vaisseau. Lorsque cette ambassade débarqua à Tamatave, la frégate française hissa le pavillon hova et le salua de vingt et un coups de canon. Au moment où les embarcations arrivèrent à terre, le fort n'avait encore rendu que trois coups de canon et le gouverneur ne se trouvait pas au lieu de débarquement. Le commandant Dupré voulait retourner à bord, mais cédant aux instances de la colonie européenne, il descendit à terre et alla attendre le gouverneur dans la maison de la princesse Juliette Fisch. Des exprès furent envoyés au fort et, au bout d'un quart d'heure, on vit arriver, musique en tête, l'état-major du gouverneur ; le second commandant venait présenter les excuses de son chef : les canons, plus rouillés les uns que les autres, ne voulaient pas partir et le gouverneur, indisposé, n'avait pu venir au-devant de l'ambassade.

Fort embarrassé de sa contenance, le second commandant s'avança vers M. Dupré, la main tendue. Celui-ci, outré des mauvais procédés dont il venait d'être victime, fatigué de sa longue attente, retira la main. Malheureusement, dans ce geste, sa main droite se porta sur la poignée de son sabre. L'état-major crut qu'il voulait tirer son sabre du fourreau et, pris d'une panique subite, tous les officiers hovas s'enfuirent à toutes jambes, le second commandant courant encore plus vite que les autres. La musique, qui était restée dehors, voyant l'état-major s'enfuir, détala à son tour. Cette déroute était tellement drôle que l'ambassade ne put garder son sérieux; pendant quelques minutes ce fut une explosion de fous rires.

Il fallut de longues négociations pour ramener le calme dans les esprits de l'état-major, qui ne s'était cru en sûreté que derrière les murailles du fort. Le gouverneur, guéri subitement, vint en personne présenter ses excuses à la mission française et tant bien que mal les artilleurs hovas obtinrent de leurs canons les vingt et un coups dont ils avaient besoin.

Agriculture, Commerce

La seule monnaie qui ait cours à Madagascar est la piastre d'argent: le type adopté est la piastre du Pérou, d'une valeur réelle de 5 francs 50 environ. Comme monnaie divisionnaire, les habitants ont tranché la difficulté en coupant les piastres en plusieurs morceaux; ils se procurent ainsi :

La *louche*, demi-piastre, 2 fr. 75;
Le *kiroobo*, quart de piastre, 1 fr. 37 1/2;
Le *sicaze*, huitième de piastre, 0 fr. 687 1/2;
Le *women*, seizième de piastre, 0 fr. 3437 1/2;
et enfin les petits morceaux d'argent produits dans la section des piastres et qui sont désignés sous le nom générique de *vole madinke*. (petit argent).

Pour recevoir ou payer, il faut être muni de petites balances que les Hovas fabriquent très adroitement et dont les poids correspondent exactement aux divisions indiquées plus haut.

Un bon conseil en passant: se méfier des pièces qui vous sont données en payement, car il n'existe pas de plus experts fabricants de fausse monnaie que ces bons Hovas.

Peu de climats sont aussi favorables à l'agriculture que celui de Madagascar: la terre y est d'une fécondité sans égale et se prête à toutes les cultures. Jusqu'à présent on n'y récolte que du riz : toutes les côtes sont couvertes de rizières qui fournissent à la consommation des habitants et à l'exportation pour les îles Maurice et de la Réunion. Ce riz est très blanc, d'un grain assez gros et n'a que le défaut de se mettre un peu en pâte à la cuisson, ce qui le fait repousser par les coolies de l'île de la Réunion et de Maurice; aussi l'exportation ne prendra-t-elle jamais un grand développement.

Les Malgaches cultivent, mais en très petite quantité, une autre espèce de riz qu'ils appellent le riz de montagne, dont le grain est un peu rouge et d'une qualité inférieure.

Toutes ces cultures sont à l'état rudimentaire : le riz une fois récolté, les rizières sont asséchées pour permettre les semis, on y jette le grain à la volée et on fait entrer des troupeaux de bœufs qui se chargent de l'enfoncer dans le sol. Les rizières sont inondées de nouveau et l'on n'a plus qu'à attendre la récolte.

Pour le riz de montagne, le procédé est encore plus simple : on coupe les arbres que l'on fait tomber sur le sol, on y met le feu sans s'inquiéter de savoir si l'incendie ne franchira pas le défriché pour aller détruire une partie de la forêt environnante. Une fois le feu éteint, on jette dans ce fouillis de troncs carbonisés une certaine quantité de riz : les oiseaux en mangent les trois quarts, la pluie enfonce dans le sol le surplus, qui fournit encore une récolte assez abondante pour subvenir aux besoins du cultivateur et de sa famille.

Il en sera ainsi tant que la propriété restera soumise au régime actuel. Le sol appartient à la reine ; on peut s'installer où l'on veut, mais on ne sera jamais qu'usufruitier; le jour où vos installations feraient envie à un commandant hova quelconque, il vous prierait au nom de la reine de déguerpir et récolterait sans vergogne le fruit de vos travaux. Pour éviter d'exciter l'envie de leurs maîtres, les Malgaches s'installent sur un point quelconque, défrichent juste ce qu'il leur faut pour avoir la quantité de riz nécessaire à la subsistance de leur famille, et planter les quelques touffes de cannes à sucre qui leur fourniront la bessabesse. La rivière prochaine leur donnera du poisson tant qu'ils en voudront ; ils élèvent en outre un certain nombre de volailles et les voilà heureux, à l'abri des nécessités de l'existence.

Le jour où le sol est épuisé, ils lèvent leur camp et vont s'installer ailleurs.

Les pâturages de l'intérieur nourrissent une énorme quantité de bœufs qui portent une bosse sur le cou (des zébus) ; ces bœufs constituent le principal trafic de Madagascar. C'est là que viennent s'approvisionner Maurice et la Réunion.

A Tamatave, où les traitants ont des représentants, ce commerce se fait d'une façon assez régulière : les agents des maisons constituent par des achats faits à l'avance les cargaisons des navires attendus. Mais sur les autres points de la côte, l'arrivée d'un « bœuquier » constitue un spectacle assez intéressant.

A son arrivée, le capitaine du navire annonce aux officiers de la douane qu'il vient acheter des bœufs ; cet avis est transmis dans l'intérieur, et tous les possesseurs de troupeaux les font venir au port où le marché s'établit. Les transactions ne peuvent se faire que dans l'ordre hiérarchique ; le second commandant ne peut vendre ses animaux que lorsque le premier commandant a traité pour les siens ; le troisième après le second et ainsi de suite en descendant l'échelle des grades.

Il n'y a pas à marchander : le prix des bœufs est fixé d'une façon uniforme et invariable par décision de la reine. Un bœuf se paye 17 piastres, soit 93 francs 50 centimes.

Sur la côte ouest, on exporte également des tortues, de l'orseille, un peu d'arachides.

Voilà à quoi se réduit le commerce extérieur de ce pays si riche. Il est couvert de forêts magnifiques qui n'ont jamais été exploitées ; dans le nord-est, on y trouve des masses énormes de copal; le caoutchouc y est très abondant. La reine défend de toucher aux bois, de récolter la gomme et le caoutchouc.

On y trouve en abondance des mines de houille, de fer, de cuivre, d'argent. Le docteur Guntz a même découvert de l'or dont il a rapporté des pépites à M. de Lagrange, alors commandant de la colonie française de Sainte-Marie. La loi s'oppose à ce que ces mines soient exploitées. C'est à peine si les indigènes extrayent du fer pour les piques de leurs sagaies et la confection de leurs *antsi* (haches).

A Bombétoc, les gisements de houille ; à Vohimar, à Angontsi, le minerai de fer sont pour ainsi dire au niveau du sol.

Toutes ces richesses sont perdues, à cause de l'entêtement de ce gouvernement qui, comme les Chinois autrefois, ne veut pas voir l'étranger sur son sol.

On a vaincu la résistance des Chinois; on arrivera bien, espérons-le, à briser celle des Hovas.

Le pays ne peut payer les marchandises importées qu'au moyen de ceux de ses produits dont l'exportation est permise, le commerce est donc nécessairement fort limité. C'est l'Angleterre qui en a accaparé la plus grande partie avec ses étoffes de coton fabriquées dans l'Inde.

En dehors des tissus, on importe des liqueurs, rhum, absinthe, en assez grande quantité, un peu de sucre et beaucoup de sel.

Le jour où Madagascar sera ouvert aux étrangers, quand on pourra posséder le sol, exploiter les mines, le commerce européen aura trouvé là une source inépuisable de revenus.

III

LE DÉPART

Il n'y a pas loin de l'île de la Réunion à Tamatave : quatre jours de traversée constamment favorisée par les vents du sud-est, ou du sud-ouest selon la saison. Mais il y a un revers à cette médaille comme à toutes les autres : les seuls navires qui fassent cette traversée sont ou des caboteurs ou des bœuquiers. Les premiers, qui vont à Madagascar chercher du riz, sont d'infects sabots qui ne présentent ni sécurité ni agrément.

Les seconds sont plus sûrs, mais n'offrent non plus aucun attrait : occupés constamment à transporter des bœufs, ils sont pénétrés d'un parfum qui n'a rien de suave.

Entre deux maux nous avions choisi le moindre et nous voguions vers Tamàtave, à bord du bœuquier *le Mauritius*.

Nous étions honorés de la compagnie d'un énorme mastodonte, M. Packenham, consul anglais à Tamatave, et d'un joli petit manche à balai, à mâchoire supérieure proéminente, que ce consul possédait comme épouse. Comme dans toutes les traversées courtes, on ne se liait pas beaucoup à bord. Le couple ci-dessus passait sa journée à mastiquer et à ingurgiter. Ce qu'ils absorbaient à eux deux de *soda-water* et de pseudo-champagne est effrayant.

Chose digne de remarque : le mastodonte buvait plus que le manche à balai, mais celui-ci se vengeait sur la nourriture. Je me suis souvent demandé ce que Mme Packenham faisait de ce qu'elle engloutissait, sans avoir jamais réussi à approfondir ce mystère.

Gachin et moi étions fort occupés à mettre en ordre nos paquets embarqués à la diable par suite de la précipitation de notre départ.

A propos, il est bon que je vous présente les deux voyageurs.

Le premier, Gachin, un jeune Suisse qui, de Vevey — la patrie des cigares — avait été entraîné dans la mer des Indes par l'amour des aventures. D'une intrépidité et d'une gaîté à toute épreuve, je ne lui ai jamais connu qu'un seul défaut : une passion effrénée pour la chasse.

Le second, votre serviteur, dévoré par la passion des voyages, incapable de rester quinze jours dans ses pénates sans être pris de l'envie de partir n'importe où, pourvu que ce soit ailleurs.

Tous deux, déjà voyageurs aguerris, quoique l'aîné de nous n'eût que vingt ans ; nous avions fait connaissance à Ceylan, et, dans nos causeries à bord du *Fils unique*, qui nous ramenait à Saint-Denis (Réunion), nous avions formé le projet d'une excursion autour de Madagascar, terminée par la traversée du canal de Mozambique et une visite aux chutes Victoria sur le Zambèze.

C'est ce projet que nous commencions à mettre à exécution en nous rendant à Tamatave, la capitale commerciale de Madagascar. La présentation étant faite, je poursuis :

Nous avions encore un autre compagnon à bord, un jésuite, le père Parazol. J'aurai l'occasion de reparler de lui, car c'est grâce à ses conseils que nous sommes venus à bout de notre entreprise. C'est lui qui nous a initiés aux procédés permettant aux révérends pères de réussir là où les autres échouent.

Pendant trois jours, notre seule distraction était d'observer le manège du consul et de la consulesse. Celui-là, constamment hésitant entre l'ivresse de la veille et celle du jour, venait absorber sur la dunette force *soda-water*, pour donner à son bras droit la vigueur dont il avait besoin pour porter de nouveau son verre à ses lèvres.

Mistress, elle, sortait de la salle à manger, rouge, étouffant sous le poids des victuailles englouties et cherchait par une promenade sur le pont à faire sa digestion, non dans l'intérêt de sa santé, mais afin de pouvoir retourner le plus vite possible s'asseoir devant les plats entamés et leur donner le coup de grâce.

Ces deux types paraissent étranges ; mais pour quiconque a rencontré des Anglais en mer, ils ne présentent rien d'extraordinaire.

A bord, l'Anglais boit, mange et dort, l'Anglaise mange, boit et dort ; c'est à cette distinction, un peu subtile, que l'on distingue les deux sexes.

Le troisième jour après notre départ, nous avions réussi à mettre de l'ordre dans nos paquets quand, à quatre heures du soir, un matelot cria: « Terre! » à l'avant. Nous étions donc en présence de ce fameux Madagascar, que les habitants de Maurice et de la Réunion ont surnommé le tombeau des blancs.

L'aspect de la côte est des plus monotones : du sable blanc, de l'eau et, dans le lointain, des montagnes qui s'estompent en bleu foncé sur l'horizon.

A sept heures du matin, nous entrions en rade de Tamatave. Après avoir fait des adieux touchants au mastodonte et au manche à balai, nous nous empressâmes de descendre à terre en esquivant la cérémonie consacrée du *Khabar*, dont j'aurai plus tard l'occasion de donner la description.

Nous avions gracieusement offert une place dans notre pirogue au père Parazol, avec lequel j'étais dans les meilleurs termes. Pour me faufiler dans ses bonnes grâces, je lui avais fait cadeau d'une carotte de tabac de Salazie (le havane de là-bas). Que de bons dîners ce cadeau opportun m'a valus! Mon estomac seul pourra jamais le dire.

Enfin nous avons le pied à terre; il nous faut surveiller d'un œil jaloux le transport de nos bagages.

Le Malgache n'est pas voleur, oh! non, mais

il ne laisse jamais rien traîner et se considère, de très bonne foi, comme le propriétaire de tout ce qui n'est pas dans la main d'un autre.

L'aspect de Tamatave est loin d'être agréable; à l'exception de quelques maisons de bois construites par des traitants, la ville ne se compose que de cahutes de paille. La rue principale s'étend parallèlement à la mer dans la direction du fort situé à très peu de distance de la ville; dans cette rue se trouve le bazar (marché). Impossible d'imaginer rien de plus primitif et de plus sale que ce bazar : sous un soleil ardent, la viande est étalée sur des planches où, grâce à la température, elle se putréfie rapidement. Aussi des émanations horribles signalent-elles de loin la place où le marché est installé.

Pêle-mêle avec les morceaux de viande, on trouve des gamelles de riz, de petites balances, du savon noir, des pièces de rabane, des morceaux d'étoffes de toutes couleurs, des chapeaux de paille, du poisson séché à la fumée, des carottes de bananes,des rouleaux de tabac, etc.

On ne peut rêver semblable fouillis qui suffit, seul, à donner une singulière idée de ce peuple dégénéré. Si la propreté disparaissait du reste de la terre, ce n'est certes pas chez le Hova ou chez le Malgache qu'on irait la retrouver.

Depuis quelques années cependant, malgré toutes les difficultés que le gouvernement suscite, l'élément européen occupe une place de plus en plus grande à Tamatave et la capitale commerciale de Madagascar a maintenant son journal *The Madagascar Times* qui se publie en trois langues, en anglais, en français et en hova. Le jour où le premier numéro a paru, les mânes de la reine Ranavalo ont dû tressaillir dans la tombe.

Je possédais une grande force : je parlais la langue.

Les Hovas et les Malgaches qui nous entouraient me regardaient d'un air effaré. Ma figure leur était complètement inconnue, ils ne m'avaient jamais vu et ils m'entendaient parler dans leur idiome.

Cette première impression m'a été fort utile dans les transactions qui précédèrent notre départ de Tamatave.

Toutes les nouvelles, quelque insignifiantes qu'elles soient, se répandent vite dans ces pays sauvages. Je m'en aperçus dès le lendemain : tous les noirs qui venaient traiter avec moi arrivaient pénétrés de l'idée qu'il était inutile de chercher à me mettre dedans, ce qui simplifia énormément les négociations auxquelles j'avais à me livrer pour composer notre suite.

En trois jours, j'avais traité (en malgache, fait Karam,) avec les trente individus dont nous avions besoin ; le contenu de nos malles avait été divisé en paquets faciles à mettre sur le dos d'un homme et il ne nous restait plus à remplir qu'une formalité impossible à éviter : la visite au commandant de Tamatave (*Khabar omni Command Tamas*).

IV

UNE VISITE OFFICIELLE

Khabar, dans la langue malgache, est un mot qui dit bien des choses.

C'est le préliminaire obligé de toutes les entrées en relations. Deux habitants se visitent, un acheteur entre chez un commerçant, un blanc veut aller voir un indigène, le prolégomène obligé c'est un *khabar*, sorte de cérémonie officielle dans laquelle on échange des politesses, nom générique qui sert à désigner toutes les entrevues, quelles qu'elles soient.

Quant au mot en lui-même, il signifie *affaire* et s'applique à tout. Deux individus se rencontrent ; après le bonjour traditionnel, les premières paroles échangées sont :

— *Akour khabar* (Quoi de neuf)?

— *Simis khabar* (Pas d'affaire, ou rien de neuf, à volonté).

Et ce, quelle que soit l'importance de la visite.

Nous devions donc, pour nous conformer aux traditions, aller rendre une visite au gouverneur de Tamatave, faire avec lui le *khabar* de fondation.

Tamatave, capitale commerciale de Madagascar, est le gouvernement le plus important au point de vue des relations extérieures. Les autres délégués sur la côte de la puissance hova n'ont de relations avec les Européens qu'à de longs intervalles : c'est à peine si une ou deux fois par an il passe un blanc à Tintingue, à Manahar, à Marantsettre, etc. ; à Tamatave, au contraire, viennent mouiller tous les navires de guerre et résider tous les agents commerciaux ; chacune des nations qui trafiquent avec l'île y a son agent consulaire.

Le gouverneur de Tamatave est donc forcé à une représentation constante ; aussi est-il un peu blasé sur les *khabars*. Néanmoins, il fait contre fortune bon cœur et c'est toujours avec la même ostentation et environné de la même pompe qu'il reçoit ceux qui viennent lui rendre visite.

La musique est là ; une harmonie dans les règles, s'il vous plaît. Plus loin je parlerai de l'armée — dont tous les Hovas font partie — mais puisque je m'occupe de la musique, épuisons le sujet. Lorsque, en 1810, les Anglais organisèrent l'armée de S. M. Radama, premier du nom, ils formèrent une musique ; comme leurs élèves ne savaient pas ce que c'était qu'une note, ils leur enseignèrent ou plutôt leur serinèrent un certain nombre d'airs au premier rang desquels figure le *God save the Queen*, devenu par la force des choses l'air national de la dynastie hova.

Depuis 1810, la musique militaire ressasse à perpétuité les mêmes morceaux qui se sont transmis de père en fils. Il faudrait une nouvelle mission anglaise pour leur en enseigner d'autres ; peine inutile d'ailleurs, ceux qu'ils connaissent suffisent au bonheur des populations. Le Hova et le Malgache raffolent de la musique, mais ne sont pas du tout difficiles sur le choix des morceaux : on peut leur répéter sans cesse le même, ils ne s'en fatiguent pas. Question d'éducation. Si, chez nous, on condamnait un Wagnérien enragé à entendre sans cesse l'ouverture de *Siegfried*, il deviendrait fou furieux.

L'amour de la mélodie est chez ces peupla des poussé à un tel point que chaque officier possède son petit orchestre particulier : deux ou trois violons sont chargés de charmer constamment les oreilles de leur seigneur et maître. Ils ne le quittent jamais; lorsqu'il sort, ne fût-ce que pour aller se promener, ses musiciens ordinaires le précèdent. Il n'y a pas de règlement somptuaire qui limite le nombre des musiciens auquel a droit un officier, il peut s'en payer autant que sa situation de fortune lui en permet.

Avant de passer au récit de la réception du gouverneur, pendant laquelle nous étions dans l'élément militaire jusqu'au cou, quelques renseignements sur l'armée hova ne seront pas inutiles.

Comme j'ai déjà eu l'occasion de le dire, le service là-bas est obligatoire pour le Hova ; le recrutement des soldats est d'une simplicité extrême : la reine n'a qu'à parler, ses agents enrôlent tout ce que bon leur semble et personne ne songe à récriminer.

Les hommes sont armés du fusil et de la sagaie. Le fusil est nécessairement une importation européenne, l'arme nationale est la sagaie : c'est une sorte de lance de fer forgé montée au bout d'un manche de bois de quatre à cinq pieds de long. Ils lancent cette arme avec une dextérité et une justesse merveilleuses.

Rien de réglementaire dans l'uniforme, chacun s'habille comme il peut et comme il veut : à côté d'un soldat portant un bonnet de police, vous en voyez un autre coiffé d'un vieux shako : celui-ci a un vieil habit de soldat anglais, celui-là porte le *simbou* national ; dans les rangs des simples pioupious, le pantalon est rare et la chaussure introuvable.

La même variété règne parmi les officiers ; ici, un marchand de vulnéraire suisse, là, un dragon de l'ex-garde impériale française et une cotte de *highlander* ; tel bas officier sera revêtu d'un costume de général ou d'amiral alors que son supérieur n'aura qu'une tunique de simple sous-lieutenant.

Le tout ne dépend absolument que du goût ou de la fortune de l'officier.

C'est le rendez-vous de toute la friperie des armées européennes : les marchands de vieux habits et de vieux galons trouvent là un débouché pour toutes leurs défroques.

Le premier effet produit sur un blanc par l'aspect de ces troupes est un rire inextinguible. Il faut un grand sang-froid et un rare empire sur soi aux envoyés des nations étrangères, pour ne pas se tordre lorsque, pour la première fois, ils se trouvent en présence d'un détachement en grande tenue de cérémonie.

Les grades s'appellent des honneurs : premier honneur équivaut à caporal, deuxième honneur à sergent et ainsi de suite jusqu'au sommet de l'échelle qui est le seizième honneur, quelque chose d'équivalent à peu près à grand maréchal. Pour atteindre à ce maximum il faut être un des grands feudataires de la couronne.

Ce sont les produits de la douane qui, en théorie, sont affectés à l'entretien de l'armée : nourriture et solde. Je dis « en théorie » car dans la pratique, il n'en est pas absolument de même. Le gouverneur de la province commence par s'attribuer sur les recettes ce que bon lui semble, le second commandant puise ensuite dans la caisse, puis le troisième, le quatrième, et ainsi de suite, si bien que les bas officiers n'ont plus que quelques miettes du gâteau. Quant aux soldats, ils ne voient jamais un sou de leur solde et se nourrissent comme ils peuvent. Aussi, bas officiers et soldats se vengent-ils sur les peuplades subjuguées : les habitants sont soumis à des vexations et à un pillage constants.

Pourvu que les grands chefs envoient à Tananarive une portion suffisamment rondelette du produit de la douane, jamais le gouvernement central ne songera à leur demander le moindre compte.

Revenons à notre *khabar*.

Le gouverneur de Tamatave, Andriano Mendrous, un quatorzième honneur, prévenu de notre visite, nous attendait dans la grande salle de réception du fort. Il avait envoyé deux de ses aides de camp nous chercher avec une escorte de trente hommes et l'inévitable musique. De la première enceinte à la maison du gouverneur, la garnison faisait la haie.

Pour faire honneur à notre hôte, nous avions revêtu, Gachin et moi, tout ce que notre garde-robe contenait de plus reluisant. J'avais endossé certain habit bleu à boutons dorés réservé pour les grands jours qui, pendant la réception, a tiré l'œil des hauts dignitaires. Gachin, qui savait que ma connaissance de la langue allait me mettre au premier plan, s'était modestement effacé en se contentant d'une tunique que lui avait prêtée un quartier-maître de timonerie de la frégate l'Hermione.

Quant à Andriano, c'était un vrai soleil ; je ne sais où il avait été pêcher son uniforme, mais il était absolument impossible de distinguer la nuance de l'étoffe : l'habit était recouvert partout de galons d'une largeur insensée. Le chapeau, doré sur toutes les coutures, était surmonté d'un énorme panache de plumes. Le pantalon, lui, était reconnaissable pour quiconque avait vu les portraits tracés par Charlet des vieux grognards de l'empire : c'était une culotte de tambour-major de la vieille garde. Pour souliers, des escarpins vernis avec une immense boucle dorée.

Positivement, on ne pouvait regarder Andriano sans loucher.

Je passe sous silence notre conversation avec le représentant du gouvernement hova : elle n'offrirait aucun intérêt. Le brave commandant — ancien marchand de bœufs — ne put jamais comprendre que nous ne venions pas pour faire du commerce et que notre voyage n'avait d'autre but que de visiter le pays. Il voulait à toute force voir en nous des chargés d'affaires d'un gouvernement quelconque. Désespérant de le convaincre, je finis par prendre le parti de le laisser dans son erreur qui, somme toute, ne pouvait que nous être profitable.

Cet excellent homme nous reçut d'ailleurs avec une cordialité charmante et m'aurait volontiers embrassé lorsque je lui remis le cadeau d'usage, un fort beau revolver avec tous ses accessoires, renfermé dans une boîte en papier gaufré simulant le maroquin, je l'avoue à ma honte, mais couverte de filets d'or... faux.

L'heure du banquet était arrivée, on se mit à table. Trente personnes environ, le gouverneur, les deux blancs, l'état-major, trouvèrent place autour de la table d'honneur; les autres assistants s'accroupirent sur des nattes. Andriano nous guettait du coin de l'œil pour surprendre sur notre visage l'admiration que ne pouvait manquer de nous inspirer le luxe du service. Une quinzaine d'assiettes en tout, quelques couteaux, une demi-douzaine de verres à champagne étaient à la disposition des privilégiés.

Les victuailles ne manquaient pas, par exemple ; énormes pièces de bœuf, poulets, dindes, canards, oies, sarcelles, fourmillaient sur la table. Le tout bouilli ou rôti, les deux seuls assaisonnements que connaisse là-bas l'art culinaire. D'énormes tas de riz étalés sur des feuilles de ravenal et dans des marmites le *rau* ou bouillon, accompagnement obligé de tous les plats. Pour boisson, quelques bouteilles de bordeaux dont nous nous étions fait précéder, du champagne — que les traitants européens importent en grande quantité — du rhum et la boisson nationale, la *bessabesse*. La bessabesse est une sorte d'arack produit de la distillation dans des bambous du vesou, jus de la canne, légèrement fermenté et fortement aromatisé.

Si vous voulez mon opinion sur cette infernale liqueur, la voici en quelques mots : je n'oserais pas en faire boire à mon plus cruel ennemi.

Le banquet se passa fort bien : les mâchoires fonctionnaient à qui mieux mieux et les victuailles disparaissaient avec une vitesse vertigineuse. Le Hova, formaliste au possible, tient aux toasts comme à la prunelle de ses yeux. Premier toast : « à la reine. » La musique joue l'air national, tout le monde se lève, se tourne vers l'horizon dans la direction de Tananarive et s'écrie trois fois en s'inclinant :

— « *Talante, Rasoharine fareck, m'penjake Madagascar* ».

(Salut, Rasoharine Ire, reine de Madagascar).

On boit et l'on passe à la santé des souverains des invités.

A partir de ce moment, et les toasts officiels une fois épuisés, chacun boit à sa fantaisie et pour la plupart des assistants, cette fantaisie se traduit par un plumet conditionné — la *bessabesse* est d'un traître !

C'est à ce banquet que je fis connaissance

avec le café malgache. Le café manquant absolument, on le remplace par le *rananpang*. Le riz en cuisant laisse au fond de la marmite une couche de riz brûlé; sur cette couche on verse de l'eau, on fait bouillir et l'on obtient un liquide noir qui ne manque pas d'un certain cachet.

V

MON PREMIER CAÏMAN

Depuis un mois, j'étais installé à Fanénène, et je ne me plaignais pas du choix que nous avions fait.

Le site était beau, la forêt giboyeuse, une petite baie bien fermée permettait les promenades en pirogue et fournissait des pêches miraculeuses ; la petite rivière de Tanzou, qui, se séparant en deux branches avant de se jeter dans la mer, faisait de mon établissement un îlot, était couverte de canards et de sarcelles.

J'avais donc trouvé là un excellent point de départ pour mes excursions, et une charmante installation pour les repos intermédiaires.

Mais, hélas ! le bonheur complet n'est pas de ce monde : les uns pleins de santé ont la misère; les autres, riches, ont la goutte; celui-ci a une femme acariâtre; celui-là une belle-mère qui vient le voir trop souvent ; moi, j'avais un caïman dans mon existence.

C'est une chose rare, n'est-ce pas, ami lecteur, qu'un caïman qui vous gêne ? Surtout en Europe, ou, à moins d'être gardien d'un jardin zoologique quelconque, on n'a rien à démêler avec ces sauriens mal élevés.

Mais, à Madagascar, ces gigantesques lézards remplacent avantageusement tout ce que la nature a pu semer d'incommodités dans les autres parties du globe.

Au premier abord, cette île paraît avoir été singulièrement favorisée sous le rapport du règne animal. Elle regorge de gibier de toute espèce : le poil, la plume, il y a de tout. Les rivières rappellent ce mot du Gascon prétendant que dans la Garonne « il n'y avait plus une goutte d'eau, c'était tout poisson. »

Les serpents sont nombreux : des gros, des moyens, des petits ; mais, chose surprenante, pas un n'est redoutable. La nature leur a refusé à tous sans exception, ces crochets et ces poches à venin, qui rendent si peu agréables les rencontres de leurs congénères des autres pays.

A l'exception du *kiva massaï* (espèce de chien-loup), à craindre seulement pour les poules, pas un seul animal quelque peu féroce.

Un vrai pays de cocagne, si... s'il n'y avait pas le caïman. Chaque fois que vous avez à traverser la moindre petite rivière, le plus petit étang, et ils sont nombreux, il faut faire battre les environs de votre route avec le plus grand soin ; chaque flaque d'eau d'une certaine étendue recèle en général au moins un de ces hôtes incommodes.

Aussi, mon premier soin, en m'installant à Fanénène, avait-il été de faire assécher tous les petits marigots qui se trouvaient sur mon îlot : il y en avait cinq. Les quatre premiers se trouvèrent vides, mais le cinquième !

Ah ! le cinquième, je n'oublierai jamais la physionomie de son habitant. J'ai sa photographie dans la cervelle.

Il pouvait être trois heures du soir ; depuis une heure environ, la tranchée que nous avions faite vidait dans la rivière les eaux du petit étang, lorsque Mouza, le commandeur de mes noirs, me montra quelque chose de brun qui commençait à paraître au fond de l'eau, tout à fait au bord de la rigole d'écoulement.

— *Voye*, me dit-il (c'est le nom du caïman en langue malgache).

J'avoue que je ressentis une certaine impression que je ne prendrai pas la peine de définir, mais qui, à coup sûr, doit être inconnue aux héros.

Devant les noirs, il est permis à un blanc d'avoir peur de quelque chose, mais il lui est absolument interdit de le laisser voir. Aussi, faisant contre fortune bon cœur, je m'approchai le plus près possible de l'objet signalé — sans entrer dans l'eau — pour m'assurer si c'était bien réellement un caïman.

Pendant ce temps, l'eau baissait toujours, et quand nous fûmes arrivés sur le bord du canal, il n'y avait plus de doute possible : c'était bien un caïman ! Et un beau, dans la plus large acception du mot. Tout étonné, sans doute, du changement qui s'opérait dans son humide empire, il n'avait pas encore remué ; mais, au moment où la baisse continue du niveau mit à découvert sa tête, justement dirigée de notre côté, il ouvrit lentement sa large gueule armée d'une triple rangée de dents à faire envie aux Fattets en quête d'osanores, battit la vase de sa queue et se dirigea lentement vers la rivière.

Ce changement de position me permettait d'apprécier ses dimensions.

Il pouvait avoir 14 pieds environ. Son dos, couvert d'une vase noirâtre et revêtu, le long de l'épine dorsale, d'une rangée d'écailles plantées pendiculairement, représentait assez bien l'aspect d'une pièce de bois dans le milieu de laquelle on aurait emmanché une scie.

Avec cela, il exhalait une affreuse odeur de musc qui parfumait encore l'atmosphère le lendemain.

Ne pouvant pas laisser perdre une occasion aussi favorable de me débarrasser d'un pareil voisinage, j'ordonnai à Mouza de courir à la maison et de me rapporter mon fusil de chasse.

Malheureusement, il ne fit pas assez diligence, et mon fusil se trouvait entre mes mains juste à temps pour voir mon caïman disparaître dans la rivière, où il me devenait impossible de le poursuivre.

Je regrettais bien de l'avoir dérangé !

J'avais probablement affaire à un sous-genre inconnu jusque-là, et que j'appellerai le caïman taquin.

A partir de ce jour, je n'eus plus un moment de tranquillité. Il gobait mes canards dans la rivière ; il prenait les sarcelles qui, blessées pendant ma chasse, allaient tomber dans l'eau; mes deux chiens effrayés n'osaient plus aller ramasser mon gibier ; mes noirs n'osaient plus pêcher.

Un jour Rasoua, le commandant de Manahar, m'envoya un bœuf en cadeau ; il me le rafla comme il passait la rivière à gué, faute de pont ; ce spécimen de l'industrie humaine est complètement inconnu là-bas : on passe l'eau comme on peut, en pirogue quand on en a, ou à la nage, les noirs portant vos paquets sur la tête.

Ce dernier coup mit le comble à mon exaspération et je jurai de me venger ; le lendemain matin, je fis tuer un mouton, dont j'eus soin de prélever les deux gigots pour mon usage personnel et, après avoir déposé le reste sur un îlot de sable au milieu de la rivière, je me tins en embuscade tout le jour.

Rien ! et pas de lune pendant la nuit ! Je me décidai à quitter mon poste ; j'étais à peine parti que l'idée me vint de me retourner.

Le mouton avait disparu !

La rage m'empêcha de fermer l'œil pendant la nuit ; je formai mille projets tendant tous à un seul but, la mort de mon ennemi intime...

La première nouvelle que je reçus à mon lever, fut la suivante : un magnifique cochon que j'engraissais avec amour pour faire des jambons, saisi au moment où il allait boire, avait été rejoindre le mouton dans le garde-manger du caïman. C'en était trop.

Me méfiant de mon adresse et surtout ayant conscience de mon inexpérience dans ce genre de chasse, j'envoyai un mot à Gachin, mon compagnon de voyage, qui était en ce moment à Marantsettre pour acheter du riz, le priant de venir, sans perdre une minute, justifier le surnom de *Lilen voiye* (tueur de caïmans), que les Malgaches lui avaient donné.

Le lendemain soir, Gachin descendait de *fitacon* (palanquin) à ma porte, et je lui racontai toutes les misères que m'avait fait endurer le maudit animal. Quand il apprit l'enlèvement de notre cochon, lui qui se réjouissait d'avance des magnifiques tranches de jambon que ce compagnon de saint Antoine nous promettait pour notre grand voyage, il partagea ma légitime indignation et décida que maître caïman avait trop vécu.

Il envoya immédiatement un de ses porteurs couper dans la forêt un paquet de lianes jaunâtres, à suc visqueux, que les noirs appellent *vahé matore* (liane sommeil), les fit piler et roula dans le jus qu'il en avait ainsi obtenu, le corps d'une guenon qu'il avait tuée.

Cet appât fut déposé au même endroit que le mouton, et nous allâmes nous coucher après avoir recommandé de tenir la pirogue prête dès le lever du soleil. L'impatience nous éveilla bien avant le moment fixé, et notre premier soin fut d'aller nous assurer si le caïman avait goûté à la petite préparation culinaire que nous avions offerte à sa voracité.

L'appât avait été enlevé!

— En chasse! s'écria Gachin. Nul doute que nous ne le trouvions endormi et flottant à la surface de l'eau, à quelque distance.

En un clin d'œil, la pirogue, montée par cinq noirs, fut à l'eau et nous partîmes, Gachin et moi, l'œil au guet, le doigt sur la détente de notre fusil de chasse chargé de chaque côté d'un bon lingot à sanglier madécasse.

Pendant un quart d'heure nous n'aperçûmes rien, et je commençais à croire que le soporifique n'avait pas agi, quand l'homme qui gouvernait me toucha le bras et me montra du doigt la bête qui flottait à quelques mètres de la pirogue.

J'avertis Gachin à mon tour et il s'apprêtait à faire virer de bord pour se trouver du côté de l'animal quand, à quelques mouvements de la queue du caïman, il crut s'apercevoir que notre ennemi n'était qu'imparfaitement endormi, soit que la dose n'eût pas été assez forte, soit que l'effet commencât à cesser.

Il fallait donc renoncer à faire le moindre mouvement, de peur de l'éveiller, et je dus me résigner à être le principal acteur du drame qui se préparait, car il ne fallait pas songer à changer de place avec mon compagnon : c'eût été risquer de faire chavirer notre fragile embarcation. Je pris donc mon parti en brave, et j'armai les deux coups de mon fusil.

La pirogue, abandonnée à la seule action du courant, dérivait vers le caïman, et, en quelques minutes, je me trouvai à si peu de distance que je n'avais que le temps d'épauler, si je ne voulais pas que le bateau le heurtât. Je me hâtai donc, et, au moment où le bout du canon allait toucher son œil, je lâchai mes deux coups à la fois... je l'avouerai à ma honte, en fermant les yeux. L'effet fut foudroyant : je me sentis soulevé et je plongeai dans la rivière sans savoir pourquoi ni comment.

D'abord tout étourdi et ne sachant ce qui était arrivé, je coulai au fond ; mais je repris vite mon sang-froid en songeant que j'avais peut-être manqué mon coup, et que le saurien mal élevé allait me tomber sur le dos.

Mais, quand je revins à la surface de l'eau, j'aperçus non loin de moi Gachin et tout mon équipage, s'efforçant de retourner la pirogue ; en me voyant, ils poussèrent des cris de victoire.

En quelques secondes, tout était remis en ordre et je me rendis compte de ce qui s'était passé. J'avais probablement touché le caïman avant de tirer, et, réveillé en sursaut par la sensation désagréable de deux lingots s'introduisant dans sa cervelle sans crier gare, il avait, avant de rendre le dernier soupir, témoigné son violent mécontentement par un coup de queue qui avait renversé la pirogue et fait prendre un bain forcé à tout son contenu.

En résumé, j'en fus quitte pour la perte de mon lorgnon qui resta au fond de la rivière de Tanzou, et qui justifiera aux yeux des générations futures,le surnom dont m'avaient gratifié les indigènes : *Vasa effa mass* (blanc à quatre-z-yeux).

Quant à mon voleur de cochon, il figure, empaillé , sous la varangue (véranda) de l'hôtel Guinet à Louquès(Sainte-Marie de Madagascar).

VI

LE FATIDRAH

La famille est tellement un besoin pour l'homme que, là où les mœurs ont supprimé les liens du sang, les individus ont songé à se créer par le choix une parenté artificielle.

Ainsi, les peuplades habitant Madagascar, se trouvant, par suite de l'absence complète de mœurs, dans l'impossibilité de se pêcher un parent, au milieu du tohu-bohu de relations variées qui fait le plus bel ornement de ce pays, ont institué comme un usage sacré le droit de chacun de se choisir, où bon lui semble, un frère de sang.

Toute l'affection que nous dispersons sur les différents membres de notre famille, à doses inégales, le Malgache la concentre sur un seul: son frère d'élection. A notre arrivée à Bombétoc, nous avions été reçus de la façon la plus cordiale par le chef du village d'Ibouiana, un Sakalave du nom de Ramènebé. Dès notre première entrevue, ce brave chef s'éprit d'une vive affection pour mon ami Gachin.

Il était en admiration devant l'adresse merveilleuse de ce chasseur émérite, et ne pouvait le quitter d'un pas. Sa case était devenue la nôtre et, si nous l'avions écouté, nous aurions pris chez lui jusqu'au riz destiné à la nourriture de notre bande.

Huit jours après notre arrivée, revenant d'une chasse aux sangliers, Ramènebé me prit à part et me témoigna le désir de faire *fatidrah* avec Gachin. Je transmis immédiatement sa demande qui fut acceptée, et la cérémonie fut fixée à cinq jours de là, pour avoir le temps de prévenir tous les villages avoisinants afin de célébrer l'événement avec plus d'éclat.

Le matin du jour désigné, de bonne heure, tous les échos d'alentour retentissaient des coups de fusil que tiraient les invités pour signaler leur arrivée.

Tout était prêt depuis la veille. On s'était livré à un véritable carnage. Bœufs, moutons, cochons, dindes, poulets, formaient d'énormes monceaux de victuailles.

Dans de gigantesques marmites à faire les

salaisons, cuisaient les *rau* (bouillon), et, devant de véritables bûchers, rôtissaient pêle-mêle, des moutons entiers, des quartiers de bœuf, des volailles. C'était un spectacle à faire pâmer d'aise Gargantua. Les barriques de *bessabesse* avaient été défoncées et plantées debout sur la place du festin, de façon que chacun pût y venir puiser à son aise.

A 9 heures, le khabar commença. Le *pountsave* (sorcier de la tribu) arriva devant notre case, escorté de douze hommes portant des sagaies.

Sans entrer, il appela trois fois à haute voix : *Vasa lilen voiye* (le blanc tueur de caïmans). Gachin et moi sortîmes aussitôt et alors s'engagea le dialogue suivant dans lequel je servais d'interprète.

— Ramènebé aime le blanc et le demande pour frère. Le blanc aime-t-il Ramènebé?

— Oui.

— Alors il consent à être son frère?

— Il y consent.

— Ramènebé donnera son sang pour son frère; le blanc donnera-t-il le sien?

— Le blanc donnera aussi son sang.

C'était la formule consacrée, et cette dernière phrase, contenant le consentement formel, fut accueillie par des clameurs étourdissantes.

Ramènebé, qui jusque-là s'était tenu caché

derrière les assistants, parut alors et s'avança vers Gachin, auquel il tendit la main.

Ce brave homme avait su si bien conquérir notre amitié, que Gachin ne s'en tint pas à la poignée de mains traditionnelle et l'embrassa franchement.

Cette accolade produisit le meilleur effet sur les Malgaches et fut l'occasion de nouveaux hourras.

Il ne restait plus qu'à procéder à l'échange du sang, la cérémonie fondamentale.

A quelques mètres de notre case se trouvait une grande place qui servait au marché lorsqu'un navire venait chercher des bœufs. Cette place avait été soigneusement battue et une immense natte de paille était étendue au pied d'un énorme tamarinier qui se trouvait au centre. Les deux frères (futurs) se dirigèrent vers ce tamarinier précédés du *pountsave*, escortés des douze hommes aux sagaies et suivis de tous les assistants. Une fois au pied de l'arbre, tout le monde prit place, les acteurs principaux sur la natte, les spectateurs accroupis sur la terre nue et formant un demi-cercle de façon que personne ne pût perdre un seul détail de la cérémonie. Sur une feuille de ravenal le *pountsave* plaça deux morceaux de gingembre coupés avec le fer d'une sagaie qui sert exclusivement à cet usage. Puis il prit les sagaies des douze porteurs, en forma un faisceau qu'il mit debout, le fer en bas, entre les deux morceaux de gingembre. Les deux héros de la fête saisirent chacun ce faisceau de la main droite et, avec le fer de lance qui avait servi à couper le gingembre, le *pountsave* leur pratiqua une incision au-dessus de la saignée, en ayant soin que les gouttes de sang qui s'échappaient de la blessure tombassent au centre de la feuille de ravenal où elles se mélangeaient. Ramènebé et Gachin prirent alors chacun un morceau du gingembre préparé, le trempèrent dans le sang et l'avalèrent.

C'était fini; le lien fraternel existait entre eux d'une façon indissoluble.

Tous les Sakalaves attendaient ce moment pour se livrer à la joie que leur inspirait l'événement; les cris, les coups de fusil, les chants, les clameurs, tout cela se confondait pour ne plus former qu'un bruit assourdissant.

Les deux frères se promenaient ensemble et allaient serrer la main à tout le monde. Les coutumes leur interdisaient de se quitter une minute ce jour-là. Cela ne m'amusait pas beaucoup : Gachin ne connaissant pas un traître mot du dialecte sakalave, j'étais obligé de le suivre pour lui servir d'interprète et ce n'était pas une sinécure, car ces peuplades ont la langue bien pendue et vous font, à propos de bottes, des discours auxquels il faut à toute force répondre, si l'on ne veut pas se faire mal venir.

Puis on se mit à table, c'est-à-dire que l'on apporta les rôtis, les viandes bouillies et le riz sur des feuilles et la sauce dans des marmites. Les invités se divisèrent par groupes, on s'assit par terre autour des mets et le festin commença.

Pour m'amuser un peu, j'avais fait cadeau à Ramènebé d'un couvert complet d'étain. Par politesse, il voulut s'en servir, mais il fut forcé d'y renoncer et d'en revenir à la fourchette du père Adam.

Dans l'intérêt de ma santé il fit bien, car cinq minutes de plus j'allais éclater.

Cette fraternité nous fut du plus grand secours dans notre voyage sur la côte occidentale. Il nous suffisait de l'invoquer pour obtenir partout ce dont nous avions besoin.

Ramènebé est mort, environ six mois après notre départ pour le Zambèze. A notre retour à Ibouiana nous apprîmes ce triste événement de la bouche de son successeur. Il avait demandé à être enterré avec tous les cadeaux que Gachin lui avait faits et il avait chargé ses amis de dire à son frère de sang que son seul regret était de mourir avant de l'avoir revu.

VII

RECOMMANDATIONS AUX EXPLORATEURS

Avant de donner à mes lecteurs quelques-uns des incidents de notre voyage sur la côte d'Afrique, je crois utile de leur dire de quelle façon nous nous étions préparés à cette excursion et quelles précautions nous avions prises pour tâcher d'éviter le malheureux sort de beaucoup de nos prédécesseurs.

Dans l'Afrique équatoriale, le voyageur a affaire à un ennemi impitoyable et d'autant plus terrible qu'il ne vous laisse ni cesse ni trêve ; je veux parler du climat.

A toute heure du jour et de la nuit, cet ennemi veille à vos côtés, prêt à profiter de la moindre imprudence pour vous envoyer rejoindre vos ancêtres.

C'est entre lui et vous une lutte sans merci. Le plus petit oubli, la plus légère inadvertance engendrent des conséquences mortelles.

Je n'ai nullement la prétention d'écrire ici un traité dogmatique des précautions à prendre, de l'hygiène à suivre.

Je me bornerai à dire comment nous avons fait, sur les indications de médecins et de traitants ayant pratiqué ces climats ; en faisant observer que, grâce à notre *modus vivendi*, nous avons mené à bien l'exploration entreprise et séjourné pendant trente mois sous ces latitudes, mortelles à tant d'Européens.

Malgré le régime sévère auquel nous étions astreints, mon pauvre camarade Gachin est mort des maladies contractées pendant notre voyage, dix mois après notre retour. Quant à moi, je souffre encore au moins deux fois par an des fièvres africaines. Quand le public connaîtra notre régime il pourra se rendre compte du degré de responsabilité de ceux qui envoient là-bas des malheureux, ignorants du danger, sans leur avoir appris, depuis A jusqu'à Z, les mesures à prendre non pour revenir en bonne santé, c'est chose impossible, mais au moins pour avoir des chances de ne pas y laisser leurs os.

Notre séjour à Madagascar, je crois l'avoir

dit, n'était considéré par nous que comme une préparation, une sorte d'acclimatation.

En dehors de la question sanitaire, nous voulions nous former une bonne équipe de Malgaches, que notre séjour dans les colonies de la mer des Indes nous avait appris à considérer comme bien plus doux, bien plus intelligents et plus capables d'affection que la grande généralité des Cafres.

A Bogomoyo (dans la portion de la côte d'Afrique placée sous la domination du sultan de Zanzibar), on trouve assez facilement à composer ces équipes de porteurs, indispensables pour le voyage. Mais on ne peut éviter d'y introduire l'élément arabe et, sans crainte d'exagérer, je crois pouvoir dire que, sur cent de ces Arabes, il y en a quatre-vingt-dix-neuf et demi qui ne valent rien.

Faux, voleurs, méchants, ingrats, etc., etc., les Arabes ont tous les défauts. Quelques voyageurs en ont rencontré de bons, c'est vrai ou du moins ils le disent; mais je crois qu'une pareille rareté serait digne d'être exhibée dans les musées.

A Madagascar, au contraire, nous avions composé une troupe de cinquante hommes à laquelle nous avions adjoint trois domestiques amenés avec nous de l'île de la Réunion: un

Malgache, nommé Mouza et deux Cafres à demi civilisés par un séjour de quelques années au milieu des blancs.

Pendant les quatorze mois de notre séjour dans la reine de l'océan Indien, nous avions soigneusement étudié nos hommes, changeant ceux qui ne nous paraissaient pas convenir au but poursuivi, nous attachant les autres par de bons traitements et les intéressant à la réussite de notre projet.

Nous avons admirablement réussi à cet égard. Je crois que jamais voyageurs dans ces parages n'ont été entourés d'une troupe plus unie et plus dévouée.

A ceux qui voudraient imiter notre exemple, je recommande surtout les Betsimitsares et les Antanos.

Ces braves nègres, jusqu'au dernier moment, ont professé pour nous le dévouement le plus entier, le plus absolu. Prêts à sacrifier leur vie pour nous — plus d'un l'a prouvé — ils étaient, à la fin de notre voyage, devenus de véritables amis auxquels la séparation a arraché des larmes.

La seule récompense que nous pouvions leur offrir, nous la leur avons donnée. Nous les avions pris esclaves, nous les avons quittés hommes libres et à même de profiter de leur émancipation.

Je ne saurais trop insister sur ce point. Dans des explorations semblables, la composition de la troupe qui doit vous accompagner est de la plus haute importance et exige les plus grandes précautions.

Combien de voyageurs ont été forcés par la désertion de leurs porteurs, de revenir sur leurs pas et de renoncer à leurs projets. Sans compter ceux qui, comme un Allemand dont le nom m'échappe, ont été assassinés par les noirs sur lesquels ils comptaient pour les protéger.

Notre bagage était mince quant aux vêtements ; nous l'avions réduit à sa plus simple expression.

Le blanc ne marche pas beaucoup là-bas ; il en serait incapable.

Une espèce de siège supporté par deux bâtons horizontaux, de façon à être porté par quatre hommes, voilà le véhicule en usage, auquel, en amis de nos aises, nous avions ajouté un dossier. Avec un peu d'habitude et des hommes exercés, ce palanquin est très commode.

Il en résulte qu'il est inutile de faire de trop

grandes commandes chez les bottiers : une paire de bottes montant jusqu'aux genoux n'aurait que peu d'occasions d'être utile ; des souliers à forte semelle, des guêtres de cuir — contre messieurs les serpents — et des pantoufles chinoises de paille, voilà tout ce qu'il faut.

Notre costume, en semaine et le dimanche, était exclusivement composé de flanelle. Chemise de flanelle, ceinture idem faisant cinq ou six tours autour de notre abdomen, paletot et pantalon toujours idem. Le gilet est absolument inutile ; c'est du reste un produit de la civilisation auquel je n'ai jamais reconnu qu'un but : permettre à son porteur de faire des effets de chaîne de montre.

Notre coiffure variait. Nous avions sur la tête tantôt un casque indien de liège revêtu de toile blanche, tantôt un immense chapeau de paille. Le dernier est préférable, au point de vue de l'hygiène s'entend, car l'autre est plus coquet, il est plus *pschut*, comme on dit dans le grand monde.

Une précaution dont nous avons souvent constaté les excellents effets est de remplir l'intérieur de son couvre-chef de feuilles de badamier (un arbre très commun là-bas).

Ces feuilles entretiennent le sommet de la

tête dans un état constant de fraîcheur très agréable et surtout très utile.

Chacun de nous avait en outre deux couvertures de laine pour s'envelopper la nuit ; et puis... et puis, c'est tout. Comme on le voit, il n'est pas besoin de dévaliser un magasin de tailleur pour se préparer à des explorations dans l'Afrique centrale. La flanelle, que certains individus trouveront trop chaude, est la meilleure étoffe que l'on puisse employer ; j'avais eu, moi aussi, certaines répugnances à m'en vêtir ; je craignais d'étouffer. L'expérience m'a démontré le contraire ; au mois de janvier, j'en étais arrivé à ne pouvoir me passer d'une chemise confectionnée avec cette étoffe due à l'ingéniosité de messieurs les Anglais, les voyageurs les plus sybarites qui existent sous la calotte des cieux.

Dans de semblables conditions, on comprend que nos paquets de vêtements ne devaient pas employer une quantité énorme de porteurs ; quatre nous suffisaient.

Il faut à toute force se munir d'une batterie de cuisine. Nous avions eu soin également de la réduire à sa plus simple expression : elle se composait exclusivement de marmites de fonte, à trois pieds ; avec huit de ces marmites, trois grandes pour faire cuire le riz, trois moyennes pour nos hommes et deux pour nous, nous avions tout ce qu'il nous fallait. Quatre gobelets d'étain et quatre couverts de poche complétaient notre outillage. — Les assiettes sont complètement inutiles : on mange sur des feuilles, le plus souvent sur des feuilles de ravenals ou de bananiers. Cela dispense de laver la vaisselle.

La question de la nourriture est très importante. On ne trouve pas souvent, dans des voyages semblables, des bouchers pour vous vendre un morceau de filet de bœuf ou des côtelettes de mouton.

A Madagascar, pendant notre hivernage à Tanzou, nous avions un troupeau de bœufs et nous pouvions encore de temps à autre nous passer la fantaisie d'un pot-au-feu ou d'un large chateaubriand. Il y avait, il est vrai, un grand inconvénient, celui de voir la viande abattue le matin être gâtée le soir par suite de la chaleur ; aussi étions-nous forcés de mettre au feu immédiatement les morceaux qui nous étaient destinés et de distribuer le reste à nos noirs.

Quoique ces animaux ne coûtent pas cher à Madagascar — 17 piastres d'Espagne (93 fr. 50) payées en marchandises — on comprend qu'un pareil ordinaire, un bœuf par jour, épuiserait vite la bourse d'un voyageur, quelque bien garnie qu'elle soit.

En Afrique, il est difficile de s'en procurer et ce n'est que par hasard que nous avons renouvelé connaissance avec ce ruminant chéri des Européens.

Ce n'est pas un mal: les nourritures azotées ne conviennent pas sous ces climats et la chasse vous fournit autant et plus de gibier qu'il n'en faut pour la consommation.

Le poisson fourmille; mais nous nous en méfiions beaucoup. Chaque fois que nous nous trouvions en présence d'un marais ou d'un courant peu rapide, nous avions soin de nous abstenir complètement de manger les mulets et les anguilles dont nos noirs faisaient leurs délices.

Quant aux fruits, nous nous les interdisions d'une façon absolue. Le voyageur qui tient à sa santé doit imiter scrupuleusement cet exemple, s'il ne veut faire connaissance avec une maladie terrible, la dysenterie.

La plupart des fruits qu'on rencontre là-bas sont légèrement acides et, par conséquent, calment la soif, ce qui est un grand attrait. Mais le seul moyen d'en tirer parti, c'est de ne pas en manger du tout.

Je ne fais exception qu'en faveur de la banane, et encore, à la condition de n'en user que modérément. De plus, ce n'est pas quand elle vient d'être cueillie qu'il faut la manger; les Cafres la préparent d'une façon qui lui laisse toutes ses qualités en lui enlevant une grande partie de ses défauts. Ils la cueillent avant sa maturité, la coupent en deux, enlèvent la peau et l'exposent au soleil; quand elle commence à noircir, ils en font de véritables carottes de tabac; ils confectionnent ainsi un excellent dessert, pas trop à craindre au point de vue de l'hygiène.

Passons à la boisson. L'eau, telle qu'elle s'offre à l'état de nature, doit être absolument proscrite. L'alcool, sous toutes ses formes, doit également disparaître entièrement de la consommation.

A défaut de vin dont, pour ne pas augmenter démesurément le nombre de porteurs, on ne peut emporter qu'une petite quantité, la meilleure boisson est de l'eau puisée dans un courant, additionnée d'une petite quantité de rhum. Dans tous les cas, quelque intense que soit la soif dont on souffre, ne jamais boire pure l'eau des marais que l'on traverse plusieurs fois par jour. La nature a mis le remède à côté du mal : le citronnier, dans les régions qui avoisinent la mer, se rencontre presque à chaque pas.

Quelques gouttes de citron sur la langue calment la soif la plus ardente et permettent d'attendre qu'on ait trouvé une eau qui, sans empoisonner, permette de remplacer le liquide que la chaleur a extrait du corps sous forme de transpiration.

En passant, je profite de l'occasion pour démolir une fable créée par l'amour de certains voyageurs pour l'exagération. Beaucoup de récits de voyages ont parlé d'un arbre qu'ils appelaient arbre du voyageur, et qui, disaient-ils, admirable exemple de la bonté de dame Nature, laisse couler une eau limpide pour désaltérer les pauvres malheureux mourant de soif dans des régions arides et désolées.

L'arbre en question existe, c'est le ravenal : en perforant la partie verte située immédiatement au-dessous des feuilles, on obtient en effet de l'eau et de l'eau limpide ; mais « l'arbre du voyageur » ne pousse que sur les bords des cours d'eau ou dans les endroits humides, c'est-à-dire là où, au point de vue de l'eau, on a le moins besoin de son secours.

Il est facile, du reste, de s'expliquer la présence d'eau dans le cœur du ravenal : cette propriété lui est commune avec la plupart des membres de la famille des monocotylédonées dont le dattier est le type.

La pluie, en ruisselant le long des feuilles, s'amasse dans le cœur de l'arbre,qui lui offre un réservoir à la fois imperméable et à l'abri d'une évaporation trop rapide.

Le ravenal se consolera de voir disparaître la fable répandue sur son compte; il lui reste en effet assez de services réels à son actif. La plupart des cases (maisons), à Madagascar principalement, sont construites exclusivement avec ce seul arbre; avec les feuilles on fait la toiture; avec les tiges supportant les feuilles, on construit les parois extérieures et les cloisons ; l'écorce fendue et aplanie, procure les éléments du plancher.

Les cases ainsi construites sont les plus agréables et les plus hygiéniques à habiter : elles dament le pion à toutes les tentes perfectionnées, articulées et autres.

Faciles à construire, solides sous leur apparence frêle, elles constituent ce que l'on trouve de mieux dans les climats de la zone torride.

Chaque fois qu'un incident quelconque nous forçait à nous arrêter à un endroit donné, ne fût-ce même que huit jours, notre premier soin était de nous édifier une maison de ce genre. Ce n'était pas long : tout le monde se mettait à la besogne le matin, et le soir nous prenions possession de notre nouveau domicile.

Pour dormir, il ne faut pas songer aux matelas. Le meilleur coucher se compose d'une natte de paille étendue sur le plancher; on s'enveloppe dans sa couverture de laine, un *ounda* (oreiller de paille sèche) sous la tête, et je garantis que l'on dort tout aussi bien que sur les meilleurs sommiers élastiques du monde.

Pendant plusieurs années j'ai gardé de ce voyage l'habitude de dormir ainsi dès que la chaleur se faisait sentir.

Si l'un de mes lecteurs veut essayer l'été prochain, il m'en dira des nouvelles.

J'ai eu occasion de rencontrer à Angontsi un Américain qui avait emporté dans ses bagages un de ces matelas de caoutchouc, que l'on gonfle avec un soufflet. Au bout de huit jours, il en avait assez et il se débarrassa de ce fardeau inutile, pour en venir au système que j'indique.

Pour en finir avec le *modus vivendi* que nous avions adopté, j'ajouterai que nous ne nous mettions en route que deux heures après le lever du soleil, que nous suspendions notre marche de 11 heures à 3 heures, et qu'à moins de circonstances exceptionnelles, nous nous arrêtions à 6 heures. Le tout afin d'éviter les évaporations du matin et du soir et l'heure du feu (comme disent les Espagnols).

Enfin, nous avions la précaution d'allumer tous les soirs un grand feu, non pour les bêtes féroces, qui ne nous ont jamais inquiétés, mais pour produire de la fumée, excellent antidote, dans les pays marécageux, contre l'ennemi le plus à craindre, la fièvre.

Malgré toutes nos précautions, nous avions ressenti les atteintes de ce cruel ennemi peu de temps après notre arrivée à Madagascar. Je fus pris le premier et pendant quinze jours je fus cloué sur ma *natte* de douleur. Après ce premier accès, j'avais l'avantage, tous les quinze jours, de refaire connaissance avec cet aimable compagnon ; mais au bout de trois mois environ, j'avais fini par en prendre l'habitude et je ne traitais mon hôte incommode qu'avec un peu de quinine et beaucoup de mépris. Soit l'un, soit l'autre de ces deux médicaments aidant, j'en étais arrivé à ne plus m'en préoccuper outre mesure.

Ici, je vais être obligé de faire un peu de médecine ; mais que mes lecteurs se rassurent, j'aurai soin d'effleurer seulement la partie technique et, contrairement aux docteurs de profession, de chercher à me rendre intelligible pour tous.

Si, par hasard, je me trouvais dans le cours de mes explications, en opposition avec les idées de quelque docte professeur d'une faculté quelconque, je lui en demande d'avance très humblement pardon. Je ne parle pas d'après des expériences faites *in anima vili* des autres, mais bien par suite d'expériences faites *in anima vili* de moi-même.

J'ai vu, à Madagascar et sur la côte d'Afrique, trois systèmes en présence pour le traitement des fièvres. Le premier consistait à ne pas prendre de quinine du tout, le second à en prendre très peu et le troisième à employer ce médicament à très fortes doses.

Ceux qui suivaient le premier système ne tardaient pas à aller dans l'autre monde faire de sanglants reproches à l'inventeur inconnu de ce traitement ; les numéros deux résistaient plus longtemps, mais faisaient bientôt connaissance avec un bien agréable compatriote des fièvres, l'hépatite (maladie du foie).

Parmi ceux qui ne lésinaient pas sur les doses de quinine, beaucoup parvenaient à échapper à toutes les conséquences gênantes que je viens de signaler. Ils souffraient, mais au moins ils se cramponnaient à l'existence et persistaient à sortir de chez eux debout, au lieu d'en être extraits dans la position horizontale.

On comprendra facilement que nous n'ayons

point hésité entre ces trois systèmes et que nous nous soyons empressés d'adopter le dernier.

Pendant notre séjour à la côte d'Afrique, nous avons employé à la fois jusqu'à trois grammes de sulfate de quinine : dose qui pourra paraître énorme et qui est en effet peu usitée. J'ai la ferme conviction que c'est grâce à ces fortes doses que je suis encore en vie et que j'ai pu échapper aux effets mortels de l'influence paludéenne sur le foie.

Je faisais en outre un fréquent usage de l'ipécacuana. Je demande pardon à mes lecteurs d'entrer dans de semblables détails, mais il s'agit ici d'une question de vie ou de mort et, dans ces conditions, on doit peu s'inquiéter de la trivialité. Le vomitif dont je parle est absolument indispensable.

Nous prenions encore une autre précaution plus triviale que celle-là. Tous les quinze jours au moins, nous chargions un produit pharmaceutique de débarrasser nos intestins de ce qu'ils pouvaient contenir de superflu.

On ne dira pas, j'espère, que je ne cultive pas la périphrase ! Afin de ne pas allonger outre mesure cette partie de mes souvenirs de voyage — très intéressante à coup sûr pour ceux qui nourriraient l'idée d'aller visiter l'Afrique, mais peu attrayante pour ceux qui me lisent

— je vais me résumer en quelques lignes et codifier les prescriptions hygiéniques que mon expérience personnelle me permet de recommander à ceux qui veulent marcher sur les traces des Livingstone, des Cameron et des Stanley: Se vêtir de flanelle.— Ne jamais s'exposer aux influences climatériques le matin et le soir. — Avoir plus peur du soleil que du feu. — Considérer l'eau pure et les alcools idem comme des ennemis acharnés que l'on ne peut combattre qu'en neutralisant leur influence pernicieuse par un mélange. — Manger peu de viande, encore moins de poisson, pas de fruits du tout.

Ne pas craindre d'employer le sulfate de quinine à fortes doses et se débarrasser le plus souvent possible de tout ce qui peut vous gêner.

Avoir soin de se munir d'une boîte à médicaments contenant, outre ce que j'ai indiqué, de l'ammoniaque, de l'alcool camphré, de l'arnica, du sous-nitrate de bismuth, du laudanum, du quinquina, etc., etc.

Si, après avoir pris toutes ces précautions, on éprouve le désagrément d'être obligé de rendre au Seigneur la belle âme qu'il avait donnée, on a au moins la consolation de se dire : « Ce n'est pas de ma faute. »

VIII

LES NÉGRIERS ARABES

Une justice à rendre aux Anglais, c'est que, lorsqu'ils réussissent à capturer un bateau négrier, ils n'y vont pas par quatre chemins : ils pendent tout l'équipage (et ils n'ont pas tort) ; mais ils ont soin de garder pour eux les esclaves saisis qu'ils envoient cultiver leurs cannes à sucre à l'île Maurice.

Ce qui, par parenthèse, n'est pas très délicat.

Je passe sous silence notre entente avec l'Arabe commandant un boutre qui devait nous conduire de Bombétoc à Zanzibar, je franchis nos vingt jours d'horrible traversée, pour arriver de suite à l'épisode de notre voyage au Zambèze, qui nous a mis en présence de la traite, cet horrible fléau qui a dépeuplé l'Afrique. Il y avait déjà huit jours que nous avions quitté Mozambique, nous dirigeant au sud vers Quilimani, ville située à l'embouchure du Zambèze.

Le chemin n'est pas beau sur ces côtes : du sable, du sable, encore du sable, toujours du sable. Un soleil épouvantable et pas un arbre. Tous les soirs, nous étions obligés de camper là où nos porteurs se déclaraient fatigués ; il faut reconnaître que les pauvres gens avaient bien gagné le repos du soir et les deux verres de rhum que nous leur octroyions généreusement.

Le trajet de Mozambique à Quilimani, par terre, est d'environ 220 milles anglais : le huitième jour au soir, nous en avions déjà fait cent quarante et nous devions, le lendemain, dépasser les îles Angora.

A partir de ces îles, la côte change d'aspect, les montagnes se rapprochent et envoient jusqu'à la mer des rangées de petites collines apportant un peu d'eau et un peu de végétation.

Le neuvième jour, dès que nous fûmes en route, nous aperçûmes au large trois boutres qui cherchaient à atterrir et paraissaient se diriger entre les îles Angora et les Premiera, vers une petite rivière innomée sur les cartes, mais que notre guide Mangandia nous dit s'appeler Ma-Camoula.

A trois heures, nous avions atteint cette rivière et, au moment où nous faisions nos préparatifs pour la traverser, les boutres venaient mouiller à une portée de fusil, derrière un gros îlot de rochers faisant partie du groupe des îles Premiera ; ils se trouvaient, de cette façon, à l'abri de tous les regards indiscrets venant du large.

A peine étaient-ils mouillés que des embarcations se détachèrent, et je ne fus pas peu surpris en reconnaissant dans l'une d'elles Mahidé, le capitaine de notre boutre, que nous avions laissé à Mozambique, où il avait manifesté l'intention de rester tranquillement à vendre la cargaison de tortues et d'indigo qu'il avait rapportée de Bombétoc.

Cette vue nous inspira quelques inquiétudes, et nous nous hâtames de traverser la rivière, nous et tout notre monde.

Arrivés de l'autre côté, nous tombions en plein campement parfaitement masqué à la vue par les ravenals et les palétuviers.

Il aurait certes fallu qu'un sorcier se trouvât parmi nous pour, de l'autre rive, soupçonner là l'existence d'êtres animés.

Sans doute, notre approche avait été signalée, et ne sachant ni qui nous étions ni ce que nous voulions, les habitants du camp avaient pris leurs précautions, car on ne voyait âme qui vive.

M'étant consulté avec mon compagnon, il fut décidé que nous continuerions notre route jusqu'à la nuit, pour nous éloigner le plus possible d'un voisinage dangereux ; nous allions nous remettre en marche, lorsqu'un spectacle inattendu nous cloua sur place.

Pendant que nous traversions la rivière, les embarcations des boutres y étaient entrées et avaient accosté dans une petite crique que nous ne pouvions voir. Mahidé avait probablement dit à ses complices qu'ils n'avaient rien à craindre de nous, car, immédiatement, ce camp, qui, tout à l'heure, semblait désert, s'anima, et nous vîmes sortir de chacune des cases de paille qui le composaient, des files de nègres attachés les uns aux autres, ceux-ci avec des morceaux de bois, ceux-là avec des cordes, les uns enchaînés, les autres succombant sous le poids d'un énorme bloc encadrant leurs épaules.

L'aspect de ce défilé était épouvantable ; il y avait de tout parmi ces trois cents malheureux : des vieillards, des jeunes gens, des femmes, des enfants. Tous maigres à faire peur, se traînant avec peine, la plupart couverts de sang coulant des blessures faites par les Arabes chargés de les conduire.

Ces derniers, armés d'un bout de liane, frappaient impitoyablement, et le plus souvent sans le moindre motif, sur ces malheureux dont le dos n'était déjà plus qu'une plaie ; les infâmes bourreaux n'écoutaient rien : quand un des noirs, soit sous les coups, soit sous la fatigue, tombait par terre et ne pouvait se relever, les coups pleuvaient sur lui et, lorsqu'on avait bien constaté l'impossibilité absolue où il était de continuer sa marche, *on le roulait à coups de pied jusqu'à la rivière, où l'équipage des embarcations le hissait à bord.*

Pas un cri, pas même un gémissement ne s'échappait de la bouche des esclaves ; une fois arrivés devant les bateaux, ils s'accroupissaient en attendant leur tour d'embarquement.

Malgré les instances de notre guide et de Mouza, qui nous donnaient le conseil de ne pas nous mêler de ce qui ne nous regardait pas, nous ne pûmes, Gachin et moi, résister à l'envie de reprocher à ce coquin de Mahidé son affreux métier.

Il ne sourcilla pas quand il nous vit approcher, et dans son jargon moitié malgache, moitié arabe, nous demanda des nouvelles de notre voyage. Quand je lui manifestai mon étonnement de le trouver là, il nous apprit que le but réel de son voyage était de venir prendre livraison d'une cargaison de nègres destinés à combler les vides causés par le choléra dans les rangs des sujets esclaves de Sa Hautesse le sultan de Zanzibar.

Il avait quitté Mozambique le lendemain de notre départ, sous prétexte d'aller chercher des écailles pour une maison portugaise, et se disposait, aussitôt sa pacotille de chair humaine embarquée, ce qui ne devait pas durer plus de deux heures, à faire voile pour sa destination. Que faire ? que dire à une pareille brute ?

Parler morale, humanité à des bandits de cette espèce, c'est perdre son temps. Je dus me contenter d'user d'une certaine influence que j'avais prise sur lui pendant la traversée, grâce à ma connaissance de la langue malgache, pour lui faire ordonner qu'on cessât de frapper; jusqu'au moment de notre départ — et nous ne partîmes qu'après l'embarquement du dernier nègre — il ne fut plus donné un seul coup.

Quand tout le monde fut à bord, je lui demandai à l'accompagner, ne pouvant me rendre compte comment cent hommes avaient trouvé à se placer dans chacun de ces boutres, dans la cale desquels je ne supposais pas que vingt hommes pussent se tenir debout. Comment ils pouvaient tenir, je n'en sais rien encore après l'avoir vu !

C'était un fouillis, un entassement indescriptibles ; ils étaient littéralement empilés ; les plus heureux étaient ceux qui avaient réussi à s'asseoir sur les traverses; mais ils devaient rester là tout le voyage sans bouger, sous peine de tomber au milieu de la cohue qui grouillait au-dessous d'eux et de ne plus en sortir.

Devant cet incroyable amoncellement d'êtres humains, je m'expliquai ce que Mahibé m'avait dit : « *On compte comme une traversée heureuse celle où, sur cent noirs pris à la côte, il en arrive vingt-cinq à destination.* »

Incapable de supporter un pareil spectacle, je m'empressai de redescendre à terre; il était 6 heures ; la marche fut néanmoins reprise. Nous étions sous l'empire d'un véritable cauchemar et deux heures de route suffirent à peine à nous remettre de l'émotion que nous avait causée la scène affreuse que nous avions eue devant les yeux. Plus tard nous avons eu l'occasion d'être spectateurs d'autres faits de traite; mais je crois que je n'oublierai jamais la cale des boutres arabes avec leur amoncellement de chair humaine.

———

IX

LES JÉSUITES

Il est quelquefois utile de consulter ce que font les jésuites; dans la question qui nous occupe, spécialement, mes lecteurs reconnaîtront avec moi qu'il est impossible de pousser à un plus haut point l'esprit d'organisation que l'a fait cette société dans l'installation de ses missions à la côte orientale de l'Afrique.

Les Cafres et leurs voisins sont de ces gens à l'intelligence obtuse, sur lesquels les mots n'ont pas la moindre influence ; aussi la compagnie de Jésus a eu une idée de génie. Elle a créé, sous le nom de « Pères du Saint-Esprit et du Saint-Cœur de Marie » une ramification dont les membres, outre leur qualité, possèdent et professent tous les métiers manuels possibles. Ces « pères » sont forgerons, charrons, menuisiers, charpentiers, cordonniers, tailleurs, etc., etc. On comprend facilement le parti que ces messieurs tirent de talents semblables.

Entre deux coups de marteau, ils inculquent aux nègres des notions sur l'Immaculée Conception ; pendant que leurs élèves se reposent après avoir cousu l'empeigne d'une paire de bottes, ils leur parlent du dogme de la Sainte Trinité.

Les néophytes ne comprennent pas les théories métaphysiques, mais ils les avalent doux comme miel, afin de continuer la vie de bâtons de chaises qu'ils mènent dans les établissements des révérends pères.

On les a baptisés dès leur entrée à la mission; ils ont pris cela pour un bain dont ils admettaient la nécessité.

On leur promet comme une récompense de leur donner la communion dès qu'ils sauront fabriquer convenablement une roue de charrette ou raboter proprement une planche. Les nègres, voyant communier leurs professeurs tous les matins, prennent l'hostie pour une friandise et, comme ils sont très gourmands, travaillent avec ardeur à apprendre leur métier pour obtenir le droit de goûter à leur tour à ce blanc gâteau.

Voyant un jour un Bétanimène s'acharner après une malheureuse planche d'*insi* (bois dur comme du fer), je lui demandai :

— *Acour anaho mias nian* (Pourquoi travailles-tu aujourd'hui) ?

— *Afkamarein*, me répondit-il, *zaho mias sarabé, vasa pounsave ami mnâho mouffe sara foust* (Après-demain, si j'ai bien travaillé, le sorcier blanc me donnera du bon pain blanc).

Et il se pourléchait les babines en ayant l'air de se délecter à l'avance des jouissances gastronomiques qui lui étaient réservées.

Religion et charpenterie, Eucharistie et cordonnerie, tels sont les moyens ingénieux que les jésuites emploient pour arriver à leurs fins avec les nègres de la côte est de l'Afrique.

Lorsquc j'aurai à donner des détails sur leurs établissements de Zanzibar et de Bogomoyo, je pourrai m'étendre plus longuement sur ce sujet.

Commençons par étudier la façon dont ils ont organisé leur mission.

La maison-mère est à l'île de la Réunion. Ils y possèdent, sur le penchant des montagnes dominant le quartier (village) de Sainte-Marie, une ravissante propriété appelée « la Ressource » réunissant tous les genres de confort imaginables : vue magnifique, air salubre, installations grandioses, jardins splendides, potager et verger à faire rêver Monselet.

Il y a quelques années, ils possédaient en outre à Saint-Denis (capitale de la Réunion) un établissement d'instruction connu sous le nom de collège diocésain; mais, à la suite d'une émeute provoquée par une tentative de germinysme commise par le rédacteur d'une feuille cléricale, cette pépinière de crétins disparut sous les clameurs de haro de la population.

Le siège de la société fut alors définitivement transféré à « la Ressource » et les jésuites, renonçant à civiliser les blancs et les mulâtres de Saint-Denis qui ne voulaient pas se laisser faire, ont reversé toute leur activité sur les nègres de Madagascar et de l'Afrique, qui, possédant moins de notions de l'endroit et de l'envers, se montrent, par conséquent, moins scrupuleux. La mission est divisée en trois parties bien distinctes : la Réunion, Madagascar et les îles françaises de Sainte-Marie, Nossi-Bé et Mayotte, et enfin Zanzibar avec ses succursales sur le continent africain.

Dans la maison-mère sont réunis les plus intelligents ou plutôt les moins bêtes des sujets africains dégrossis dans les missions ; on les y façonne et il arrive quelquefois que parmi ces élèves on réussit à en trouver un ou deux, susceptibles de parvenir au suprême honneur d'endosser la robe noire et d'être renvoyés dans leur pays annoncer « la bonne nouvelle. »

Mais ces exceptions sont rares et ces élèves sont principalement destinés à enseigner aux futurs missionnaires la langue des contrées auxquelles on les destine. Les bons pères leur apprennent aussi la musique et ils ont composé par ce moyen une fanfare qui, les dimanches et les jours de fêtes, fait résonner les échos de la ravissante chapelle de bois précieux édifiée sur l'habitation de la Ressource.

L'amusante leçon de solfège qui commence le deuxième acte du *Petit Duc* est bien dépassée, au point de vue drôlatique, par les séances d'études de ces dilettanti au visage noir et aux cheveux crépus. La plupart d'entre eux n'ont pu se fourrer dans la tête la théorie de cet art qui adoucit les mœurs ; aussi leurs professeurs sont-ils obligés de leur apprendre les airs par routine.

Il est bien amusant d'entendre les jésuites crier à ces malheureux :

— Le deuxième doigt de la main gauche sur le troisième trou de la clarinette, animal !

Malgré cette difficulté, les « pères » dont on connaît la patience, réussissent à seriner à leurs élèves un certain nombre d'airs exécutés assez proprement.

Quand un nègre a classé dans sa cervelle deux ou trois morceaux, son instruction peut être considérée comme terminée. Pendant les deux années consacrées à cet exercice, il a appris suffisamment de français pour se faire comprendre de quiconque y met beaucoup de bonne volonté.

Quelques-uns réussissent en outre à apprendre à lire, les plus forts parviennent à écrire. Alors la poire est mûre et les jésuites ont accompli leur œuvre : leurs élèves sont aptes à devenir à leur tour les professeurs des missionnaires novices auxquels ils serviront de domestiques.

Les jésuites venant d'Europe sont d'abord dirigés sur l'île de la Réunion : là ils se trouvent au milieu de convalescents, retour d'Afrique ; ils apprennent à parler le malgache, le cafre, le dialecte arabe ; ils se familiarisent, par ouï dire, avec les dangers qu'ils vont être appelés à courir et les précautions qu'ils devront prendre pour lutter contre ces dangers avec quelques chances de succès.

Au bout de six mois, généralement, l'éducation *ad hoc* de ces missionnaires est terminée.

Ils sont alors dirigés sur les postes les moins dangereux de Madagascar.

Ils vont à Tananarive (la capitale) dont le climat est très sain, puis de là à Tamatave où ils font connaissance avec la fièvre.

Après quelque temps de séjour, on peut juger de la force de résistance que chacun d'eux est en mesure d'opposer aux influences pernicieuses de ces régions malsaines.

Selon le diagnostic porté, les jésuites retournent à la Réunion, restent à Madagascar ou sont envoyés à Zanzibar.

Inutile de dire que seuls les tempéraments solides reçoivent cette dernière destination. De fréquents congés de convalescence permettent aux missionnaires de venir reprendre des forces dans la maison de campagne de « la Ressource. » Ils trouvent en outre à la Réunion, à Salazie, des eaux alcalino-ferrugineuses qui produisent le meilleur effet dans le traitement des fièvres et des maladies qui les accompagnent.

Comme on voit, tout cela est admirablement organisé et peut servir de modèle à ceux qui font des tentatives d'exploration à la côte d'Afrique.

L'île de la Réunion est un excellent point central. Le climat y est très sain : l'Européen s'y habitue aux chaleurs tropicales sans courir le moindre danger pour sa vie.

Madagascar, où règnent les mêmes influences morbides qu'à la côte d'Afrique, lui offre une étape pendant laquelle il lui est permis de s'acclimater progressivement.

Là, en effet, les fièvres ne sont pas partout aussi fortes ; ainsi, par exemple, en partant de Diégo-Suarez, au nord, jusqu'à Vohimar, le pays est on ne peut plus salubre ; plus loin, au sud, à Angontsi, les fièvres commencent, d'abord légères pour devenir terribles à partir de Marantsettre (au fond de la baie d'Antongile) jusqu'à Mahéla (Tintingue).

Bien d'autres itinéraires offrent la même progression. Ainsi, en général, la côte ouest est moins malsaine que la côte est.

Les jésuites tirent habilement parti de cette acclimatation progressive et leur exemple est bon à imiter.

Ils retirent encore de cette station intermédiaire un autre avantage: faire connaissance avec la race nègre. Les habitants de Madagascar ne sont, il est vrai, pas les mêmes comme mœurs et comme caractère que les Cafres: ceux-là valent beaucoup mieux que ceux-ci; mais enfin, ils ont nombre de points de contact et permettent à l'Européen, tout frais émoulu de son pays, de se familiariser avec des populations avec lesquelles il est appelé à vivre et qu'il a le plus grand intérêt à connaître.

En outre de toutes ces précautions minutieuses, les bons pères prennent les plus grands soins de leur existence matérielle. Les caves et les garde-manger des missions sont toujours admirablement garnis. Les vieux bordeaux et les grands crus de la Bourgogne fournissent d'agréables fortifiants aux estomacs fatigués.

Je me rappelle encore les excellents dîners que que j'ai faits à Tamatave et à Sainte-Marie avec le père Piraze, le père Parazol et le père Lacôme. Sans doute qu'ils espéraient me convertir, car chaque fois que j'avais le plaisir de leur rendre visite, les petits plats étaient mis dans les grands ; lorsque je faisais à mes amphitryons de sincères compliments sur la délicatesse de la chère et le goût de « revenez-y » des liqueurs, ils me déclaraient que c'était là leur ordinaire. Certes, je suis loin de contester qu'il faille un certain courage aux membres de la compagnie de Jésus pour aller résider dans ces pays dont la renommée n'est pas engageante ; mais je hausse les épaules quand j'entends leurs *socii* d'Europe parler d'eux comme des martyrs allant se précipiter de gaîté de cœur dans la gueule de lions affamés.

A Zanzibar, à Madagascar, de simples employés de maisons de commerce s'exposent aux mêmes dangers; c'est une pure question d'appointements. Ils considèrent leur voyage comme une loterie : le numéro gagnant, c'est, après un séjour de quelques années, le retour au pays natal avec sinon la fortune, tout au moins l'aisance. Et non seulement ces employés n'arrivent pas comme les jésuites, savamment acclimatés, mais encore, même avec la fortune des Rothschild, ils ne pourraient se procurer, dans le pays, le confort dont jouissent gratis les robes noires. Les jésuites sont, en outre, entourés d'une domesticité dévouée provenant, comme je l'ai déjà dit, des nègres élevés à l'île de la Réunion et qui, au point de vue de l'apostolat, remplissent les quatre cinquièmes de la besogne.

Parlons un peu de l'apostolat. Si jamais un rédacteur du *Courrier de Bruxelles* ou du *Bien public* pouvait se rendre compte par lui-même de la façon dont le catholicisme est enseigné à ces populations, il bondirait plus haut que la colonne du Congrès, et ses cheveux, à force de se dresser, resteraient plantés sur sa tête comme les dards d'un porc-épic en fureur.

Cette religion, que l'on nous présente comme une, indivisible, sans accommodements possibles avec l'erreur, subit de singulières modifications selon le pays dans lequel on la prêche.

Si vous interrogiez un catéchumène de Tamatave ou de Zanzibar sur les dogmes fondamentaux du catholicisme, vous resteriez bien souvent bouche béante en constatant que non seulement il n'a jamais entendu parler de beaucoup de choses que les prêtres enseignent ici, mais encore que ce qu'il sait n'a que de très lointains rapports avec les principes orthodoxes.

Faites part de votre étonnement à un missionnaire, et il vous répondra que l'on est forcé de proportionner l'enseignement au degré d'intelligence des élèves.

Cette raison, qui, à première vue, paraît sérieuse, n'est cependant qu'un prétexte. Le vrai, le seul motif, c'est la concurrence que font aux prêtres catholiques les missionnaires protestants. Je ne veux prendre parti ni pour les uns ni pour les autres, je me borne à constater ce que j'ai vu.

Les catholiques ont un recueil, intitulé la *Propagation de la Foi*, dans lequel les moindres souffrances des prêtres sont étalées avec un luxe et un raffinement de détails inouïs ; pour un oui ou pour un non, grâce à cette publication, ils passent à l'état de martyrs. Les protestants (ceux de la France tout au moins) ne jouissent pas de la même faveur.

Ils travaillent, ils souffrent, ils meurent tout aussi bien et tout autant que les jésuites ; mais leurs travaux, leurs souffrances et leur mort restent dans l'obscurité, en Europe du moins.

Mais, là-bas, tout en faisant moins de bruit que les « pères », ils se donnent beaucoup plus de mal et leur font une rude concurrence. Le pasteur protestant puise tous ses enseignements dans la Bible ; il n'a pas d'autres bagages.

La religion qu'il offre à ces peuples incultes a donc le grand mérite d'être simple et de pénétrer facilement dans les cervelles un peu rebelles.

Pour obtenir les mêmes résultats, les jésuites se sont vus dans l'obligation de débarrasser leur christianisme de toutes les broussailles dont Rome l'a enveloppé, et d'en revenir à un enseignement mixte qui, sans être tout à fait le protestantisme, en est toutefois beaucoup plus rapproché que du catholicisme actuel.

Déjà, en Chine, ils avaient donné des preuves de leur adresse à adapter la religion catholique aux superstitions et aux mœurs des peuples auxquels ils l'enseignaient. Ils continuent actuellement les mêmes traditions.

Il ne faut pas croire, du reste, que la propagation de la foi catholique soit le seul ou même le principal de leurs soucis. Ils sont surtout et avant tout commerçants. Leurs missions à Zanzibar et sur la côte d'Afrique sont plutôt des comptoirs que des églises, leurs établissements plutôt des boutiques que des écoles. Ici, ils achètent ou recueillent de petits nègres pour leur donner un embryon d'instruction ; là, ils s'entourent de Cafres auxquels ils apprennent un métier. C'est le prétexte, l'enseigne qui décore la façade.

Mais pour quiconque veut scruter les choses à fond et ne pas juger sur les apparences, il est facile de voir que tous ces enfants, tous ces hommes ne sont entre leurs mains que des machines à gagner de l'argent.

Leurs trésoriers seuls pourraient dire les sommes produites par leurs établissements de la côte. Les lecteurs s'en rendront compte en réfléchissant que tous les noirs élevés par les jésuites, après un temps d'apprentissage plus ou moins long, ont un métier entre les mains et continuent à travailler sans le moindre salaire pour le compte de leurs professeurs. Forgerons, mécaniciens, selliers, etc., etc., transforment du matin au soir la matière première qui ne coûte pas grand'chose en un produit ouvré valant de l'or.

On voit d'ici les bénéfices réalisés.

J'ai eu l'occasion de faire la traversée de Nossi-Bé à Mayotte avec l'employé d'une maison de Marseille, propriétaire d'un des principaux comptoirs établis à Zanzibar, lequel signait pour ces « pauvres pères » des traites sur l'Europe s'élevant à des sommes considérables.

Aussi, grâce surtout à leur situation pécuniaire, ont-ils acquis sur la colonie européenne une influence considérable.

J'ai entendu, il y a peu de temps, beaucoup de gens s'étonner que le pauvre Crespel, malgré ses idées bien connues, ait été enterré muni, comme on dit, des secours de la religion. Le contraire n'eût pas été étonnant, il eût été impossible.

En admettant que, malgré son entourage de sœurs de Saint-Vincent de Paul et de révérends, M. Crespel eût affirmé jusqu'à son dernier soupir la volonté d'être conduit à sa dernière demeure sans passer par l'église, il n'aurait été tenu aucun compte de ce désir.

Les jésuites sont, à Zanzibar, les maîtres de toute la population européenne — des pays catholiques s'entend — et je mets au défi un seul des consuls de lutter contre leur influence. Celui qui essayerait serait brisé comme un fétu de paille.

Les consuls protestants eux-mêmes sont obligés d'y regarder à deux fois avant de faire des observations. Les révérends pères, on le sait, ont mille moyens de venir à bout des gens qui leur résistent et, pour y parvenir, ne reculent devant rien.

Je dois dire qu'abstraction faite de tous ces inconvénients, qui tiennent à l'essence même de la compagnie de Jésus, la plupart de ces messieurs sont de charmants compagnons, très hospitaliers, avec lesquels on s'amuse beaucoup, car ils se sont pliés très facilement à *tous* les usages de ces pays.

Ceci soit dit sans vouloir franchir le mur de la vie privée.

FIN

TABLE

PAGES

Bibliographie 5
Avis aux Lecteurs 7
I. — Madagascar 11
II. — Études de Mœurs 26
III. — Le Départ 41
IV. — Une Visite officielle 49
V. — Mon premier Caïman 60
VI. — Le Fatidrah 70
VII. — Recommandations aux Explorateurs . . 76
VIII. — Les Négriers Arabes 93
IX. — Les Jésuites 100

www.ingramcontent.com/pod-product-compliance
Ingram Content Group UK Ltd.
Pitfield, Milton Keynes, MK11 3LW, UK
UKHW012046240726
13965UKWH00003B/1094

9 782012 971097